사라진
중성미자를 찾아서

사라진 중성미자를 찾아서

유령입자의 탄생에서 약력의 발견, 빛나는 태양의 수수께끼까지,
자신의 정체를 바꾸는 입자, 중성미자 이야기

지은이 박인규

1판 1쇄 발행 2022년 6월 10일
1판 3쇄 발행 2023년 7월 24일

펴낸곳 계단
출판등록 제25100-2011-283호
주소 (04085) 서울시 마포구 토정로4길 40-10, 2층
전화 02-712-7373
팩스 02-6280-7342
이메일 paper.stairs1@gmail.com

값은 뒷표지에 있습니다.

ISBN 978-89-98243-16-0 03420

사라진 중성미자를 찾아서

유령입자의 탄생에서 약력의 발견, 빛나는 태양의 수수께끼까지,
자신의 정체를 바꾸는 입자,
중성미자 이야기

박인규 지음

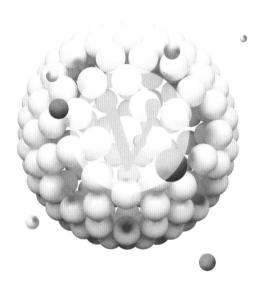

계단

이 책은 세상에 가장 많이 존재하지만 20세기 초까지는 아무도 그 실체를 알지 못했던 한 입자에 대한 이야기다. 이 입자는 분명 실재하지만 우리 눈에는 보이지 않고 우리 몸을 관통해 지나가도 아무런 느낌이 없다. 대략만 계산해도 초당 100조 개나 되는 입자가 지금 이 순간 당신 몸을 뚫고 지나가고 있다. 따지고 보면 이 입자도 알파선, 베타선, 감마선과 같은 방사선이다. 초당 100조 개나 되는 방사선이 우리 몸을 통과해 지나간다는데 섬찟하지 않을 수 없지만, 이 입자는 우리 몸에 아무런 흔적도 남기지 않고 우리 몸을 그냥 지나쳐 갈 뿐이다. 그래서 이 입자에는 '유령입자ghost particle'라는 별명이 붙어 있다.

유령입자는 태양에서 대량으로 생산되어 빛과 함께 지구로 쏟아져 들어온다. 이 입자는 빛과 마찬가지로 우주 전 공간에 가득 차 있다. 태양 빛은 밤이 되면 지구에 가려 사라지지만, 이 입자는 밤이 돼도 지구를 관통해 우리 몸을 지나 하늘로 떠올라 우주로 날아간다. 만일 우리가 이 입자를 눈으로 볼 수 있다면, 밤하늘은 눈부실 정도로 환할 것이고, 심지어 밤에 땅바닥을 쳐다보면 지구 반대편의 태양을 볼 수도 있을 것이다. 이와 같이 유령입자는 우리 몸뿐 아니라, 우리가 사는 집도, 건물도, 심지어 지구와 별도 뻥뻥 뚫고 지나간다. 이쯤 되면 이 입자가 무엇인지 눈치챈 독자들이 있을 것이다. 그렇다. 바로 중성미자다.

2015년 10월 6일은 스웨덴 왕립과학원이 그해의 노벨상 수상자를 발표하는 날이었다. 그날 필자는 한국물리학회의 추천을 받아 과학 기자를 대상으로 한 노벨물리학상 설명회에 해설자로 참석하기로 되어 있었다.

해마다 10월이 되면 어김없이 찾아오는 노벨상에 대한 우리 국민의 관심은 엄청나다. 뛰어난 두뇌를 가졌다고 자부하고, 세계 최고의 교육열을 자랑하며, 수학과 물리 올림피아드를 매년 석권하는 나라인데도, 10월은 늘 잔인했다. 이때만 되면 주입식 교육의 폐해, 비효율적인 정부 주도의 연구 개발, 부족한 기초과학 예산, 과학과 기술에 대한 몰이해 등 수많은 이슈들이 재점화하고, 따가운 질책과 대담한 대안 뒤에는 언제나 꼬리표처럼 냉소가 뒤따랐다. 딱 일주일이었다. 논란은 금세 수그러들고, 다음해 10월까지는 또 잠잠했다. 과학자도 정치인도 소나기만 피하면 그만이었다. 요즘 들어서는 "그까짓 노벨상, 꼭 받아야 하나"라는 주장까지 들린다. 이솝 우화에 나오는 여우와 신포도 이야기와 꼭 닮았다. 한국의 물리학자들은 아마 대부분 동의할 것이다. 노벨상은 갑자기 만들어지는 것이 아니고, 묵묵히 자신의 연구에 매진할 때 우리에게도 언젠가 꼭 찾아오리라는 것을.

필자가 노벨물리학상 설명회에 왔을 때엔 이미 이십여 명의 기자들이 도착해 있었다. "누가 받을 것 같아요?" 필자가 받은 첫 질문이었다. 어차피 발표 때까지는 시간이 남아 있었으니, 기자들과 여러 추측성 대화를 주고받았다. 누가 어떤 업적으로 받을지 아무도 몰랐기 때문에 틈틈이 전해지는 외신과 루머에 의존하여 예측 기사를 미리 작성해 둔 부지런한 기자들도 있었다.

스티븐 호킹의 블랙홀 증발 이론은 실험적 검증이 없어서 안 될 것 같았고, 앨런 구스의 급팽창 이론이나 끈 이론의 에드워드 위튼도 마찬가지 이유로 노벨상 수상을 기대하기 힘들다는 데 생각을 같이 했다. 업적으로만 따지자면 허블망원경을 추진했던 미국의 항공우주국NASA이나 톱 쿼크를 발견한 페르미연구소, 힉스입자를 발견한 유럽입자물리연구소CERN도 노벨상을 받아야겠지만, 노벨물리학상은 평화상과 달리 단체상이 없고 오로지 살아 있는 자연인 세 사람에게까지만 주어지므로 이들 연구소를 수상자로 기대하기는 힘들었다. 여성 과학자로 페르미온 응축을 발견한 데버라 진이나 은하를 정밀하게 관측하여 암흑물질의 존재를 일깨웠던 베라 루빈이 유력하다는 설도 파다했다.[*] 그때까지 노벨상이 제정되고 100년이 넘었지만 그간 단 두 명의 여성만 노벨물리학상을 수상했으니 특별히 이를 고려해 여성 물리학자가 더 유리할 것이라고 추측하는 사람도 있었다.[**] 풀러렌과 그래핀이 노벨상을 탔으니, 탄소나노튜브를 발견한 일본의 이이지마 스미오가 받지 않겠냐는 설도 힘을 받았다. 여러 추측들이 난무했지만 일단 올해의 노벨물리학상만큼은 입자물리학 분야에 주어지지 않을 것이란 의견이 지배적이었다. 힉스 입자의 발견으로 입자물리학 분야에 노벨상이 수여된 지 2년밖에 지나지 않았기 때문이었다. 그래서 필자는 설명회에 참석은 했지만, 딴짓을 하기 시작했다. 그 자리에는 응집물질물리학과 응용물리학 분야의 교수가 몇 분 더 계셔서 노벨상이 발표되면 당연히 그분들이 마이크를 잡게 될 것이라고 내심 기대하고 있었다. 그분들의 설명만 편안히 듣고 집으로 돌아갈 요량이었다.

잠시 후 발표자가 등장했고, 곧이어 모니터 화면에 이름이 떠

---

[*] 애석하게도 데버라 진과 베라 루빈 모두 2016년에 세상을 떠났다. 노벨상은 살아 있는 사람에게만 주어지므로 2015년이 그들에겐 마지막 기회였다.

[**] 2018년에는 도나 스트릭랜드가, 2020년에는 앤드레아 게즈가 여성으로는 세 번째와 네 번째 노벨물리학상 수상자가 되었다.

올랐다. 일본인 가지타 다카아키와 캐나다 출신의 아서 맥도널드였다. "중성미자에 질량이 있다는 것을 입증하는 중성미자 진동을 발견"한 업적으로 두 사람에게 노벨상을 수여한다는 설명이 뒤따랐다. 순간 열심히 써놓은 예측 기사가 무용지물이 됐다는 것을 깨달은 기자들의 입에서 한숨이 새어 나왔다. '중성미자 진동'을 주제어로 검색 전쟁이 시작되었다. 필자는 순간적으로 명했다. "이걸 어쩌지? 내가 입자물리학을 전공하고 있지만, 이건 내가 깊게 연구한 분야가 아닌데." "어이쿠, 일단 이 노벨상에 대해 해설할 사람은 여기선 나뿐이구나." "진짜 전문가가 나중에 왜 당신이 설명회에 갔냐고 물으면 어쩌지?" "과연 내가 중성미자에 대해 제대로 설명해 줄 수 있을까?" 여러 질문이 그 순간 내 머리를 이리저리 떠돌았다. 기자들과 함께 온 타 전공 교수들의 시선도 필자에게 꽂혔다. 당신이 마이크를 잡으라는 압박이었다.

다행히 가져간 노트북에는 지난 몇 학기 동안 강의했던 '핵 및 기본 입자' 강의 노트가 있었다. 강의 노트에 있는 중성미자 내용으로 그날의 설명회는 그럭저럭 넘길 수 있었다. 그런데 집으로 돌아오는 길에 여러 생각이 머릿속에서 떠나질 않았다. "오늘 한 이야기는 수박 겉핥기였어." "중성미자의 역사부터 짚었어야 했는데…." "표준모형에 대한 설명을 너무 대충 했네." "검출기를 왜 그렇게 크게 만들어야 하는지도 재미있는 부분인데…." "아뿔싸, 중성미자로 천문학의 새 시대가 열렸다는 중요한 얘기를 빼먹었

네…." 이런저런 후회 섞인 생각을 하면서 버스에서 내릴 때 떠오른 답은 한가지였다. 기자들에게 미처 하지 못한 이야기를 이참에 글로 한번 써 보자는 다짐이었다.

그러나 열기는 금세 식었다. 과학책을 읽는 사람들이 많지 않은 데다, 그중에서도 물리학 이야기는 화학이나 생물학을 다룬 책보다 독자들에게 다가가기 힘들다는 점이 마음에 걸렸다. 게다가 중성미자 연구는 물리학의 여러 분야 중에서도 관심 있는 소수 전문가의 영역이라고 알려져 있어, 물리학 전공자라 하더라도 제대로 알고 있는 사람이 많지 않았다. 심지어는 우리나라에 중성미자를 연구하는 학자들이 있다는 사실만으로도 자랑스럽다는 취지의 기사가 나온 적이 있었다. 따지고 보면 중성미자 연구 자체가 긴박하고 화끈한 결과가 나오는 분야가 전혀 아니다. 중성미자에 대한 연구는 은근과 끈기를 요하는 지루한 실험의 연속이고, 나오는 결과도 웬만해선 대중들에게 설명조차 하기 힘든 것들이었다.

"안 읽힐 지도 모르는 글을 쓴다는 게 무슨 의미가 있을까?" 프랑스의 바칼로레아에나 나올 법한 질문이 머릿속을 스쳐 갔다. 중성미자에 대한 짧은 칼럼을 쓰면서도 강의와 연구에 집중하는 편이 더 낫지 않을까 하는 생각이 머리를 떠나지 않았다. 그런데 필자가 아시아태평양이론물리센터APCTP의 웹진에 쓴 몇 편의 글을 읽고 연구실을 찾아온 분이 있었다. 출판계에도 중성미자 같은 분이 있다는 사실을 알게 되었다. 그는 중성미자에 관한 글을 읽고 충분히 재미있으니 책을 한번 내보자는 제안을 하였고 결국 이 서문을 쓰게 되었다.

막상 중성미자 이야기를 책으로 쓰자니 걸림돌이 너무 많았다. 무엇보다 떠들기는 좋아해도 글쓰기를 싫어하는 본성의 문제가 으뜸이었고 그 다음은 게으름이었다. 물론 핑계는 많았다. 강의에, 보고서에, 출장에, 핑곗거리는 차고 넘쳤다. 그리고 그렇게 중성미자 이야기는 차츰 기억 속에서 사라져 갔다. 그렇게 손을 놓았다 잡았다 하기를 수 차례, 마침내 어느 정도 분량의 글이 만들어졌다. 하지만 그를 다시 만났을 때 뭔가 잘못 나가고 있음을 알게 되었다. 내가 지금 쓰고 있는 글은 중성미자를 대중에게 소개하는 책이라기보다는, 학생들에게 강의할 강의 노트에 지나지 않는다는 사실이었다. 결국 덜어낼 것은 덜어내고, 수식도 없애고, 전문적인 도표나 그래프도 모두 삭제해야 했다. 글투도 바꾸고 순서도 조정했다. 역사적 전개를 따르지 않고 중성미자가 발견된 시점에서 글을 시작하기로 했다. 그러고 나니 어느덧 교과서의 모습은 사라지고 나름 이야기 책 같은 모습을 갖추게 되었다.

자신이 아는 것을 모두 다 가르쳐야겠다는 자세는 선생들이 가진 특유의 집착이다. 독자들이 학생은 아닌데 내가 아는 지식을 얼마나 잘 넘겨받아 제대로 공부했는지 시험 보자고 할 수는 없는 노릇이다. 독자들은 나에게는 손님이고, 손님은 물건이 맘에 안 들면 언제든 떠날 수 있다. 그래서 욕심을 버렸다. 손님들이 가져갈 수 있는 이야기만 다루기로 마음먹었다. 결국 중성미자에 대한 이론적 배경이나 지금까지 수행돼 온 수많은 실험 결과들의 백과사전식 나열, 현재 진행 중이거나 앞으로 연구될 주제를 빠짐없이 설명하는 것은 되도록 하지 않기로 했다. 대신 중성미자가 나오게 된 역사적 배경과 발견까지의 과정, 2002년과 2015년 노벨상 수상과 관련된 업적 이야기, 현재 진행 중이거나 앞으로 진행될 중요한 실험 몇 가지를 핵심만 뽑아 독자에게 전달하기로 했다.

이제 이 책이 세상에 나가 독자들을 만날 시간이 되었다. 이야기의 소재가 소위 '먹고사니즘'의 현실과는 많이 떨어져 있으니 대중들의 보편적인 호응까지 기대하지는 않는다. 하지만 아무런 바람도 없는 것은 아니다. 우선 이 글을 통해 독자들이 눈에 보이지 않는 입자들의 세계를 알아가며 많은 것을 느꼈으면 하는 바람이 있다. 태양의 엄청난 에너지는 어디에서 나오는지, 방사선에는 어떤 것들이 있는지, 원자의 실제 모습은 어떻게 생겼는지, 중성미자가 왜 중요한지 등을 생각해 볼 수 있었으면 좋겠다. 조금 더 욕심을 부려 보면, 물리학의 한 분야에서 과거에 어떤 일이 일어났고, 또 지금은 어떤 일을 하고 있고, 앞으로 어떤 일을 준비하고 계획하고 있는지를 여러 일반인들, 그리고 다른 분야의 과학자들에게 알리는 데 이 글이 활용되면 좋겠다는 바람도 있다. 학생을 가르치는 선생이다 보니, 어쩔 수 없이 앞으로 물리학을 전공하려는 학생들과 지금 한창 물리학을 공부하고 있는 학생들이 재미있게 읽고 새로운 꿈을 꿀 수 있었으면 하는 생각도 마음 한구석에서 떠나질 않는다.

청운동에서
박인규

어니스트 러더퍼드 (Ernest Rutherford, 1871~1937)

방사선의 아버지. 방사선에 알파선, 베타선, 감마선이란 이름을 붙였다. 방사선을 쪼여 인류 최초로 원소를 변환시키는 연금술에 성공하였다. 알파입자를 금박에 때려 원자 속에 핵이 들어 있음을 알아냈다. 이로써 보어의 원자모형이 나올 수 있었다. 1908년 노벨화학상 수상.

볼프강 파울리 (Wolfgang Pauli, 1900~1958)

중성미자의 아버지. 베타붕괴에서 나오는 전자의 에너지가 일정하지 않은 것을 보고 중성미자란 입자가 존재할 것이라고 예언했다. 페르미 입자(페르미온)는 같은 상태에 함께 존재할 수 없다는 파울리의 배타원리를 발견했다. 1945년 노벨물리학상 수상.

엔리코 페르미 (Enrico Fermi, 1901~1954)

원자폭탄의 아버지. 세계 최초로 원자로를 만들었다. 파울리의 배타원리에서 페르미-디랙 통계를 이끌어 냈다. 약한 상호작용을 설명하는 페르미 상호작용을 정립했다. '물리학의 교황'이란 별명을 가지고 있다. 1938년 노벨물리학상 수상.

한스 베테 (Hans Bethe, 1906~2005)

태양의 작동 원리를 알아낸 물리학의 거장. 핵융합이론을 바탕으로 수소폭탄의 원리를 만들어 냈다. 별 내부에서 일어나는 양성자-양성자 반응, 탄소-질소-산소 순환 반응을 알아내 별이 빛나는 이유를 밝혀냈다. 1967년 노벨물리학상 수상.

브루노 폰테코르보 (Bruno Pontecorbo, 1913~1993)

불운의 천재 물리학자. 중성미자를 검출해 낼 수 있는 방법을 최초로 제시했다. 또한 중성미자의 진동을 예견하였다. 공산주의자로 몰려 서방 세계를 떠돌다 소련으로 망명했고, 그로 말미암아 뜻을 이루지 못했다. 이 책의 주인공이라고 할 수 있다.

레이 데이비스 (Raymond Davis Jr., 1914~2006)

태양 중성미자를 쫓은 집념의 사나이. 브룩헤이븐 국립연구소 연구원으로 평생 태양 중성미자의 개수만 센 화학자이자 물리학자. 홈스테이크 지하실험을 이끌며 태양 중성미자 문제를 풀기 위해 일생을 바쳤다. 그 공로로 88세에 노벨상을 수상했다.

프레더릭 라이네스 (Frederick Reines, 1918~1998)

폴터가이스트 탐험대를 꾸려 중성미자를 찾아냈다. 원자폭탄을 터트려 중성미자를 검출하려는 다소 무모한 생각으로 출발했으나, 실제로는 원전을 사용해 중성미자를 발견해 냈다. 1995년 노벨물리학상 수상.

클라이드 코완 (Clyde Cowan, 1919-1974)

프레더릭 라이네스와 함께 중성미자를 최초로 발견한 방사선 전문가. 이들의 실험은 '라이네스-코완 실험'으로 불렸다. 55세의 젊은 나이에 심장마비로 사망했다. 그가 살아 있었다면 1995년 라이네스와 함께 노벨상을 수상했을 것이다.

존 바칼 (John Bahcall, 1934~2005)

태양의 작동 원리를 가장 잘 이해한 이론물리학자. 표준태양모델의 창시자다. 그가 계산한 태양 중성미자의 개수와 데이비스가 측정한 중성미자의 개수가 크게 차이가 나, 태양 중성미자 수수께끼가 생겼다. 그의 계산에 의구심을 품은 사람도 많았지만 결국 그의 태양 모델은 정확했다.

고시바 마사토시 (小柴昌俊, 1926~2020)

중성미자 천문학의 창시자. 대통일 이론을 검증하기 위해 카미오칸데 실험을 시작했다. 뜻하지 않게 1987년에 터진 초신성이 남긴 중성미자 신호를 포착하여, 중성미자 천문학이란 새로운 학문 분야를 열었다. 2002년 노벨물리학상 수상.

가지타 다카아키 (梶田隆章, 1959~)

중성미자 진동 현상을 발견한 공로로 노벨물리학상을 받았다. 고시바와 도쓰카 요지 밑에서 연구했고, 성실하고 조용한 연구자로 알려져 있다. 슈퍼-카미오칸데 실험에서 대기 중성미자 연구팀에 들어가 중성미자 진동 현상을 밝혀냈다. 2015년 노벨물리학상 수상.

아서 맥도널드 (Arthur B. McDonald, 1943~)

캐나다의 중성미자 물리학자. 서드베리중성미자관측소(SNO)의 책임자로 태양 중성미자의 수수께끼를 완벽하게 해결해 냈다. 중수를 사용한 실험은 그의 동료였던 허버트 첸의 아이디어였지만, 첸이 사망한 후 이를 넘겨받아 SNO 실험을 성공적으로 이끌었다. 2015년 노벨물리학상 수상.

에토레 마요라나 (Ettore Majorana, 1906~실종)

페르미가 뉴턴에 견주어 칭송한 천재 물리학자. 중성미자는 디랙 입자일 수도 있지만 마요라나 입자일 수도 있음을 보였다. 이렌과 프레더리크 졸리오퀴리의 실험 결과를 듣고 중성자의 존재를 먼저 알아냈으나, 논문을 내지 않은 것으로도 유명하다. 32살에 스스로 모습을 감춰 실종된 상태다.

도쓰카 요지 (戶塚洋二, 1942~2008)

고시바 마사토시의 애제자였다. 슈퍼-카미오칸데 실험을 이끌어 중성미자 진동을 찾아냈다. 일본 고에너지가속기연구기구(KEK)의 소장을 지냈으며, 암 투병 끝에 66세의 나이로 타계했다. 그가 생존해 있었다면 중성미자 진동의 발견으로 노벨상을 수상했을 것이 확실하다.

허버트 첸 (Herbert H. Chen, 1942~1987)

태양 중성미자 문제를 해결하기 위해 중수를 사용하는 획기적인 아이디어를 제시했다. 첸의 제안으로 서드베리중성미자관측소 실험이 추진되었다. 불행히도 실험이 시작되는 단계에서 45세란 이른 나이에 백혈병으로 타계했다. 생존해 있었다면 태양 중성미자 문제를 해결한 업적으로 노벨상을 수상했을 것이다.

1부

간신히 찾아내다

미국은 1950년대 초에 사우스캐롤라이나주의 서배너강 인근에 원자력 발전과 원자탄 개발을 위한 실험실을 만들었다. 1955년에 이곳의 원자로 중 하나에 검출기가 설치됐다. 원자로 P는 켜졌다 꺼졌다를 반복하며 수많은 방사선을 뿜어냈다. 일 년 후에 이들 방사선에서 중성미자가 관측되었다.

두꺼운 콘크리트로 겹겹이 둘러싸인 원자로 P는 수명을 다 해 폐쇄 후 해체 작업을 통해 흔적도 없이 사라졌다. 사진은 동일한 형태로 지어진 4기의 원자로 중 폐쇄된 원자로 K의 모습이다.

1장

생일 축하해요, 중성미자!

나는 골치 아픈 일을 하나 만들었다.
그것은 발견될 수 없는 입자를 가정한 것이다.

- 볼프강 파울리(1900~1958)

페르미연구소의 윌슨홀은 'ㅅ'자 형태의 매우 유명한 건축물이다.
윌슨홀 앞에는 긴 사각형의 연못이 있다. 만화 〈마징가 제트〉에 나오는 연구소가 바로
이곳을 본떠 그린 것이라고 한다.

2016년 6월 14일. 미국 시카고 인근 페르미연구소의 윌슨홀에서는 누군가의 60번째 생일을 기념하는 작은 파티가 열렸다. 또한 그 전년도 노벨물리학상의 주인공을 축하하는 자리이기도 했다.

"생일 축하해요. 중성미자!"

이날은 1956년 6월 14일 프레더릭 라이네스와 클라이드 코완이라는 두 명의 물리학자가 중성미자中性微子, neutrino라는 입자를 발견했다고 파울리에게 전보를 보낸 날로부터 정확히 60년째가 되는 날이었다. 인터넷이 없던 시절, 전보는 매우 급하거나 중요한 일에만 사용되던 비상 통신망이었다. 라이네스와 코완은 중성미자가 실제로 존재한다는 것을 증명한 실험물리학자였고, 파울리는 중성미자가 세상에 존재해야 한다고 예측한 이론물리학자였다. 이날을 기념하기 위해 페르미연구소는 생일 케이크를 준비하였고, 그 자리에 모인 물리학자들은 케이크를 나눠 먹으며 중성미자에 대한 이야기꽃을 활짝 피웠다.

사람도 아니고 입자가 발견된 날을 기념하는 파티라니! 듣는 이에 따라서는 뜬금없다고 할지도 모르겠다. 하지만 다른 입자와 달리 중성미자는 세상에 그 모습을 나타낼 때까지 산고가 유난히도 컸고, 세상에 나온 후에도 계속해서 골칫거리를 만들며 끊임없이 논란의 중심에 서야 했다. 그리고 지금까지도 여전히 엄청난 연구비가 투입되는 물리학의 핵심 연구 주제 중 하나다. 그러니 다른 입자와 달리 특별히 생일 축하 파티를 열어주는 게 괜한 호들갑은 아닌 것이다.

　파울리가 중성미자의 존재를 처음으로 예견한 것은 1930년이었다. 지금으로부터 거의 90여 년 전의 일이다. 라이네스와 코완이 중성미자를 발견한 것은 1956년이었고, 라이네스가 이 업적으로 노벨상을 수상한 것은 1995년이었다. 중성미자를 발견할 때까지 대략 25년이 걸렸고, 중성미자를 발견하고 노벨상을 받을 때까지 40년이 걸린 셈이다. 이보다 앞서 1988년에는 새로운 종류의 중성미자를 발견한 공로로 리언 레더먼, 멜빈 슈워츠, 잭 스타인버거가 노벨상을 받았다. 또 2002년에는 태양 중성미자에 대한 연구와 중성미자 천문학을 개척한 공로로 레이먼드 데이비스와 고시바 마사토시가 노벨상을 받았다. 그리고 중성미자 진동 현상을 발견한 업적으로 가지타 다카아키와 아서 맥도널드가 노벨상을 수상한 것이 2015년이니, 중성미자야말로 노벨상의 단골 메뉴라고 할 수 있을 것이다.

　그럼 중성미자 연구에서 앞으로 노벨상이 또 나올까? 이 질문

페르미연구소는 라이네스와 코완의 중성미자 발견 60주년을 맞아 중성미자 생일 파티를 벌였다. 기념 케이크에 전자 중성미자와 뮤온 중성미자, 타우 중성미자, 그리고 그들 각각의 반입자까지 총 여섯 개의 중성미자가 새겨져 있다.
"Happy Birthday, Neutrino!"

의 답은 단연코 "그렇다"이다. 아직까지 중성미자의 본질에 대한 여러 질문에 만족할 만한 답을 찾지 못했기 때문이다. 그래서 중성미자는 여전히 물리학 연구의 최전선에 있고, 여러 나라가 앞다퉈 중성미자 연구에 전폭적인 투자를 아끼지 않고 있다.

그럼, 이제부터 시간을 백 년 앞으로 돌려 본격적으로 중성미자에 대해 알아보자.

미스터리의 베타붕괴

세기말은 언제나 비슷하다. 1999년에서 2000년으로 넘어가던 때를 한번 되짚어 보자. 'Y2K 버그로 세상이 멈출 것이다', '예수가 재림하고 휴거가 일어날 것이다', 'IT와 바이오 기술로 새 세상이 열려 이제껏 경험하지 못했던 풍요를 누릴 것이다' 등 종말론과 유토피아에 대한 전망이 한꺼번에 뒤섞여 나타났다. 19세기 말도 예외는 아니었다. 산업화 사회에 대한 비관과 희망이 서로 교차하고 퇴폐와 세기말적 감상이 문화 전반에 넘쳐났지만, 동시에 고도로 발달한 과학 지식으로 인류가 자만심에 빠졌던 시기이기도 했다.

세상은 구십여 개의 원소로 이루어져 있고 원소들 사이에는 옥타브와도 같은 아름다운 조화가 있다는 것이 발견되면서, 멘델레예프가 원소들의 주기율표를 만들어 냈다. 인간은 세상의 물질이 어떤 원소로 만들어졌고, 또 그들이 어떻게 결합하고 반응하는지 완전히 이해한 것 같았다. 뉴턴 역학으로 일상의 온갖 종류의 역학 문제를 완벽하게 풀어낼 뿐 아니라 태양계 내 행성의 움직임까지도 정확히 계산해 낼 수 있었다. 혜성이 언제 다시 돌아올지 예측하는 것은 일도 아니었다. 전기 현상과 자기 현상도 맥스웰 방정식을 이용해 완벽하게 통합적으로 이해할 수 있었다. 그로부터 예견된 전자기파의 존재도 실제로 확인되었고, 마르코니는 대륙을 넘나드는 무선 통신 기술을 선보였다. 어떤 자연 현상이라도 수학 공식 몇 개로 설명할 수 있었으니 인간의 콧대가 높아질 대로 높아졌던 것은 당연해 보였다. 그야말로 과학은 더 이상 발전의 여지가 없는 것처럼 보였다.

그러나 조물주의 레시피를 다 알아냈다던 사람들의 인식은 교만이었다. 느닷없이 당시의 물리학 이론으로는 설명할 수 없는 일들이 하나씩 모습을 드러냈다. 빌헬름 뢴트겐이 엑스선이란 신비한 광선의 존재를 처음으로 알렸고, 이어 앙리 베크렐이 우라늄에서 발생하는 신기한 방사선을 발견했다. 조지프 존 톰슨은 전자를 찾아냈고, 퀴리 부부는 우라늄처럼 미지의 방사선을 내는 폴로늄과 라듐을 발견하였다. 새로 발견된 것들은 하나 같이 멘델레예프의 주기율표에 없는 것들이었다. 요즘 암흑물질이 무엇인가가 과학계의 최대 화두라면, 그때는 미지의 광선이 최대 관심사였다. 이 모든 발견이 19세기 말의 마지막 십 년 동안 벌어진 일이었다. 뉴턴 시대의 종말을 고하고 20세기 현대 물리학의 탄생을 기다리고 있던 폭풍전야와 같은 시기였다.

에너지 보존은 잘못된 믿음이었나

방사선은 방사성radioactive 핵이 붕괴하면서 튀어나오는 광선을 말한다. 여기서 광선은 우리가 일반적으로 알고 있는 빛과 달리 입자의 다발을 말한다. 방사선에는 여러 종류가 있는데, 알파선, 베타선, 감마선 이렇게 세 가지가 잘 알려져 있다. 알파선은 불안정한 핵이 알파붕괴를 하면서 나오는 입자를 말하고, 베타선은 불안정한 핵이 베타붕괴를 하면서 나오는 입자를 가리킨다. 감마선은 불안정하게 들뜬 핵이 더 낮은 에너지 상태의 핵으로 가면서 내놓는 빛을 일컫는다.

알파선이 알파붕괴에서 나온다고 했는데, 알파붕괴가 무엇인지 설명하지 않았으니, 사실 이건 아무것도 아닌 설명이다. 알파붕괴란 양성자와 중성자가 과도하게 뭉쳐서 불안정한 핵이 양성자 두 개와 중성자 두 개를 묶어 함께 내놓는 반응이라고 할 수 있다. 마치 덩치 큰 포도 뭉치에서 포도알 몇 개가 떨어져 나오는 것과 비슷하다.

핵을 표기할 때 우리는 원소명 왼쪽에 위 첨자로 질량수(A)를 쓰고, 왼쪽에는 아래 첨자로 원자번호(Z)를 붙여 쓴다. 원자번호는 핵에 들어 있는 양성자의 수와 같다. 질량수는 양성자 수와 중성자 수를 합한 것으로, 중성자의 수(N)는 질량수에서 원자번호를 뺀 값으로 얻을 수 있다($N = A - Z$). 예를 들어 수소는 양성자 1개로만 구성된 핵이라 ^1_1H라 쓴다. 산소의 핵은 양성자가 8개, 중성자가 8개이니 질량수는 16이다. $^{16}_8O$로 나타낸다. 핵무기에 사용되는 우라늄-235는 질량수가 235란 말이고, 우라늄의 원자번호가 92번이므로 $^{235}_{92}U$로 표기하며, 핵 안에는 235 - 92 = 143개의 중성자가 들어 있다.

알파붕괴가 양성자 2개와 중성자 2개를 내놓는 반응이라고 하였으니, 알파붕괴를 거치고 나면 핵의 질량수는 4가 감소하고, 원자번호는 2가 감소한다. 이때 나오는 양성자 2개와 중성자 2개로 이루어진 입자는 사실은 헬륨 원자의 핵이다. 헬륨 핵을 만드는 2개의 양성자와 2개의 중성자는 강한 핵력에 의해 매우 단단히 결합돼 있어 마치 하나의 입자처럼 행동한다. 겉보기에는 단일한 입자처럼 보여 우리는 이를 알파입자라고 부른다. 핵물리학자들은 2, 8, 20, 28, 50, … 이런 숫자를 마법수magic number라고 부르는데,

양성자나 중성자의 수가 마법수에 해당하면 그 원자핵은 특별히 더 안정하다. 헬륨의 핵은 양성자가 2개이고 중성자가 2개이니 이 중 마법수 핵doubly magic nucleus에 해당한다. 산소($^{16}_{8}$O)나 칼슘($^{40}_{20}$Ca)도 이중 마법수 핵에 해당되는데, 이들 역시 매우 안정한 핵이다. 가벼운 핵인 리튬($^{6}_{3}$Li)이나 베릴륨($^{8}_{4}$Be) 등의 핵자당 결합 에너지와 비교하면 헬륨은 그 원자들보다 훨씬 단단히 결합되어 있고, 그래서 마치 하나의 입자처럼 취급할 수 있다.

결국 알파선의 본질은 알파입자로, 곧 헬륨 핵이다. 알파붕괴를 좀 더 자세히 설명하기 위해 플루토늄 핵이 우라늄 핵으로 변하는 과정을 살펴보자. 이를 그림으로 나타내면 다음과 같다. 붉은 색 구가 양성자, 회색 구가 중성자다.

이 알파붕괴 과정은 어미핵인 1개의 물체(플루토늄 핵)가 2개의

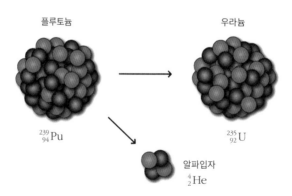

플루토늄

우라늄

$^{239}_{94}$Pu

$^{235}_{92}$U

알파입자
$^{4}_{2}$He

플루토늄이 알파붕괴를 하면 알파입자를 내놓고 우라늄으로 바뀐다. 알파붕괴가 일어나면 헬륨 핵에 해당하는 만큼 질량수는 4가 줄고, 원자번호는 2가 줄어든다.

1장 생일 축하해요, 중성미자!

물체(우라늄 핵과 알파입자)로 붕괴하는 것으로, 이는 역학적으로 이체 문제two-body problem에 속한다. 이체 문제는 전형적인 역학 문제 중 하나로, 에너지 보존 법칙과 운동량 보존 법칙을 이용하면 쉽게 풀 수 있다. 실제로 계산을 해보면 알파입자의 운동 에너지는 플루토늄 핵과 우라늄 핵, 알파입자의 질량만으로 결정되는 것을 알 수 있다. 따라서 질량이 제각기 다른 방사성 원소들은 모두 특정한 에너지 값을 갖는 알파선을 내며, 이 성질을 역으로 이용해 알파선의 에너지로 방사성 원소의 종류를 판별해 낼 수 있다.

베타붕괴도 알파붕괴와 붕괴하는 방식은 똑같다. 베타붕괴는 알파입자 대신 베타입자를 내놓는다는 점만 다른데, 이때 베타입자는 전자다. 전자는 음의 전하를 띠고 있으므로 핵이 전자 하나를 방출하면 핵에는 양의 전하가 하나 더해져야 한다. 이때 핵 속에서 실제 일어나는 일은 중성자 하나가 양성자로 바뀌는 것이다. 따라서 베타붕괴를 거치면 질량수에는 변화가 없고, 원자번호만 하나 올라간다($A \rightarrow A$, $Z \rightarrow Z + 1$). 다음 그림은 라듐이 베타붕괴를 통해 악티늄으로 변하는 과정이다. 베타붕괴도 알파붕괴와 똑같이 이체 문제로 보인다.

이제부터 본격적으로 본론이 시작된다. 베타붕괴에서 나오는 전자의 에너지를 측정하던 물리학자들은 깜짝 놀랐다. 베타입자의 에너지를 처음으로 측정한 사람은 리제 마이트너와 오토 한이었다. 이들이 1911년에 발표한 결과에 의하면, 베타입자의 운동 에너지는 알파입자와 달리 어떤 특정한 값을 갖지 않았다. 전자가 어

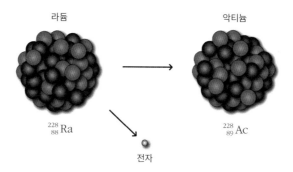

라듐이 베타붕괴를 하면 전자를 내놓고 악티늄으로 바뀐다. 베타붕괴가 일어나면 질량수는 바뀌지 않고 원자번호가 1만큼 늘어난다.

떨 때는 작은 에너지를 가져 느린 속도로 튀어나오고, 어떨 때는 큰 에너지를 가져 빠른 속도로 튀어나오고 있었다. 그 후 1914년 제임스 채드윅이 전자의 에너지를 정밀하게 측정하여 베타선의 운동 에너지가 연속적인 분포를 갖는다는 것을 최종 확인하였다. 이체 문제로 방사선 붕괴를 설명하려던 물리학자들에게 베타입자는 도무지 설명이 안 되는 행동을 하고 있던 것이었다.

물리학자들은 대혼란에 빠졌다. 발표된 실험 결과들을 정리해보면 베타붕괴에서는 에너지 보존 법칙이 성립하지 않는 것처럼 보였다. 당시는 양자역학이 한창 만들어지던 시기로 양자역학 자체가 매우 신비한 이론이었다. 양자역학의 창시자 중 한 사람인 닐스 보어는 이 기괴한 베타붕괴를 양자역학적 현상으로 설명하려고 한동안 애를 썼다. 그러고는 에너지 보존 법칙은 오로지 통계적으로만 의미가 있어 거시세계에서는 잘 지켜지지만 미시적 현상인

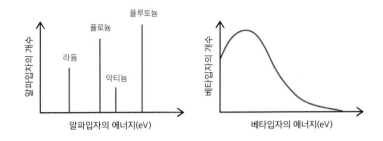

알파선은 방사선 원소마다 특정한 에너지 값을 갖는다. 원소별로 특정한 하나의 에너지 값을 가진 알파입자가 나오기 때문에 스파이크 형태의 신호가 나타난다. 반면 베타입자의 에너지는 값이 하나가 아니고 연속적인 분포를 나타낸다.

베타붕괴에서는 에너지 보존 법칙이 꼭 지켜질 필요가 없다는 주장을 하기도 했다. 물리학자들은 뉴턴 역학이 만들어진 이래 그들이 금과옥조처럼 여겨 왔던 에너지 보존 법칙을 포기해야만 하는 갈림길에 서게 됐던 것이다.

새로운 입자가 필요하다

베타붕괴에 얽힌 수수께끼는 양자역학의 또 다른 창시자 중 한 사람인 볼프강 파울리에 의해 그 해결의 실마리를 얻게 된다. 파울리는 마치 콜럼버스의 달걀과 같은 방법으로 이 문제의 해결책을 제시했다. 그의 아이디어는 매우 간단했다. 베타붕괴 때 베타입자와 함께 눈에 보이지 않는 미지의 중성 입자 하나가 생성되는데,

그 입자가 에너지를 가지고 도둑처럼 사라진다는 것이었다. 즉, 이 중성 입자의 에너지와 베타입자의 에너지의 합이 여전히 에너지 보존 법칙을 지키고 있으니 굳이 에너지 보존 법칙을 희생시킬 필요가 없다고 주장했다. 한마디로 미지의 중성 입자가 검출기에 어떠한 흔적도 남기지 않고 사라지기 때문에, 베타입자가 제멋대로의 에너지를 갖는 것처럼 관측된다는 것이었다.

파울리의 가정은 어찌 보면 수학에서 좌변과 우변이 다를 때 미지수 x를 넣어 좌우 변을 같게 만들어 x값을 구하는 방정식 문제와도 같았다. 에너지 보존 법칙을 지키기 위해 미지수 x 대신에 미지의 입자를 넣은 것이었다. 어쨌든 문제는 이론적으로 깔끔히 해결됐지만, 물리학자들은 이를 두고 문제를 해결한 것으로 생각하지 않았다. 이론은 이론일 뿐, 그 미지수 x에 해당하는 입자가

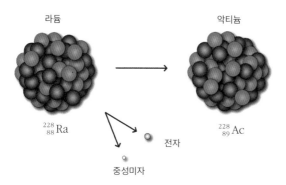

라듐은 베타붕괴를 통해 악티늄으로 바뀐다. 파울리의 베타붕괴 모델에 따르면, 라듐 핵의 중성자 하나가 양성자로 바뀌면서 전자와 함께 검출기에 잡히지 않는 중성미자를 내놓는다는 것이다.

1장 생일 축하해요, 중성미자!

실재하는지 확인하지 못한다면 파울리의 제안은 헛된 공상에 지나지 않기 때문이었다.

파울리는 검출되지 않고 사라지는 이 입자를 처음에는 중성자 neutron라고 불렀다. 지금 우리가 알고 있는 중성자와 같은 이름이었다. 이때는 진짜 중성자가 발견되기 전이었지만, 당시에도 물리학자들은 원자핵의 질량을 설명하기 위해서는 원자핵 속에 양성자와 질량이 같은 중성 입자가 있어야 한다는 사실을 알고 있었고, 이를 이미 중성자라고 부르고 있었다. 예를 들어 산소는 원자번호가 8이고, 질량수가 16이다. 이는 얼핏 보기에 산소의 핵 속에 양성자 16개와 전자 8개가 들어 있다고 가정하면 쉽게 설명될 것 같았다. 다시 말해, 양성자와 전자가 묶여 8개의 중성 상태를 만들고, 거기에 추가로 8개의 양성자가 있는 것으로 추측하면 잘 맞는 듯 했다.

그런데 핵 속에 전자가 들어 있다는 생각은 얼마 지나지 않아 물리적이지 않다는 것이 밝혀졌다. 왜냐하면 불확정성의 원리에 따라 전자와 같이 가벼운 입자는 핵과 같이 작은 공간에 갇혀 있을 수 없다는 것이 자명하기 때문이었다. 하이젠베르크의 불확정성 원리에 따르면 위치의 불확정도와 운동량의 불확정도의 곱은 항상 플랑크 상수보다 커야 한다. 전자를 핵 속에 가둬 놓는다는 말은 바로 위치의 불확정도를 핵의 크기인 1펨토미터(10^{-15}미터) 정도로 작게 가져가는 것이 되고, 이는 곧 운동량의 불확정도가 매우 커지게 된다는 것을 뜻한다. 전자가 1펨토미터로 움직인다고 할 때, 운동량의 불확정도를 바탕으로 전자의 속도를 계산해 보면, 초속 1.1×10^{11}미터 이상으로 초속 3×10^8미터의 광속을 넘게 된다. 즉, 전자를 아주 좁은 공간에 가두어 두려고 시도하는 순간, 전자는 빛보다 빠르게 그 위치를 벗어난다는 양자역학적인 결론에 도달한다. 결국 핵 안에는 전자가 존재할 수 없다는 말이다. 다른 말로, 만약 전자가 핵 안에 있다면 매우 큰 운동량을 갖게 되는데, 이는 전자가 핵 안에서 안정적인 상태로 있을 수 없다는 사실을 말해 준다. 따라서 핵 속에는 양성자와 전자가 결합된 상태가 아니라, 양성자와 질량은 같고 전하가 중성인 새로운 입자가 존재할 것이란 생각이 퍼져 있었다. 그리고 파울리는 베타붕괴 때 전자와 함께 동반하여 발생하는 가상의 중성 입자를 중성자라 불렀던 것이다.

방사선에 관한 연구는 혼돈의 연속이었다. 수수께끼 같은 베타붕괴뿐 아니라 감마선에 관한 연구에서도 설명하기 힘든 일이 계속 보고되고 있었다. 발터 보테는 베릴륨에 폴로늄에서 나오는 알파선을 쪼여 투과력이 좋은 2차 방사선을 얻어 냈다. 졸리오퀴리 부부는 이 2차 방사선이 수소와 잘 반응하는데, 이 모습이 양성자에 의한 콤프턴 산란과 비슷하다고 발표했다. 그리고 1932년 제임스 채드윅은 베릴륨 방사 현상을 체계적으로 연구해 이 방사선이 감마선이 아니라 전기적으로 중성이고 질량이 양성자와 같은 입자라고 주장했다. 핵물리학자들이 한동안 찾아 헤매던 중성자를 발견한 것이었다.

중성자가 발견되자 당시 핵물리학의 대부였던 엔리코 페르미는 파울리가 제안한 '중성자neutron'라는 입자에 '작다'는 의미의 이탈리아어의 명사형 어미 '-ino'를 붙여 부르기 시작했다. 뉴트리노 neutrino란 이름에는 이렇게 '작은 중성자'란 뜻이 담겨 있다. 우리나라에서는 이를 '중성미자'라고 부른다.

유령입자의 탄생

파울리는 논문을 쓰기보다 동료 물리학자에게 편지 쓰는 것을 좋아했다고 한다. 중성미자에 대한 그의 제안 역시 논문이 아닌 편지였다. "친애하는 방사성 신사 숙녀 여러분…"으로 시작하는 그의 편지는 매우 유명한데, 바로 이 편지가 중성미자란 입자를 세상에 처음으로 소개하는 문서였다.

중성미자는 이렇게 파울리의 편지와 함께 탄생하면서, 눈에 보이지 않는다는 가정 때문에 '유령입자'라는 별명을 갖게 되었다. 그는 이 유령입자에 대해 나중에 이렇게 말했다고 한다.

"나는 골치 아픈 일을 하나 만들었다. 그것은 발견될 수 없는 입자를 가정한 것이다."

파울리의 말처럼 그가 도입한 중성미자는 그야말로 골칫덩어리

Abschrift/15.12.56 PM

Offener Brief an die Gruppe der Radioaktiven bei der
Gauvereins-Tagung zu Tübingen.

Abschrift

Physikalisches Institut
der Eidg. Technischen Hochschule   Zürich, 4. Dez. 1930
Zürich   Gloriastrasse

Liebe Radioaktive Damen und Herren,

Wie der Ueberbringer dieser Zeilen, den ich huldvollst
anzuhören bitte, Ihnen des näheren auseinandersetzen wird, bin ich
angesichts der "falschen" Statistik der N- und Li-6 Kerne, sowie
des kontinuierlichen beta-Spektrums auf einen verzweifelten Ausweg
verfallen um den "Wechselsatz" (1) der Statistik und den Energiesatz
zu retten. Nämlich die Möglichkeit, es könnten elektrisch neutrale
Teilchen, die ich Neutronen nennen will, in den Kernen existieren,
welche den Spin 1/2 haben und das Ausschliessungsprinzip befolgen und
sich von Lichtquanten ausserdem noch dadurch unterscheiden, dass sie
nicht mit Lichtgeschwindigkeit laufen. Die Masse der Neutronen
müsste von derselben Grössenordnung wie die Elektronenmasse sein und
jedenfalls nicht grösser als 0,01 Protonenmasse.-- Das kontinuierliche
beta- Spektrum wäre dann verständlich unter der Annahme, dass beim
beta-Zerfall mit dem Elektron jeweils noch ein Neutron emittiert
wird, derart, dass die Summe der Energien von Neutron und Elektron
konstant ist.

Nun handelt es sich weiter darum, welche Kräfte auf die
Neutronen wirken. Das wahrscheinlichste Modell für das Neutron scheint
mir aus wellenmechanischen Gründen (näheres weiss der Ueberbringer
dieser Zeilen) dieses zu sein, dass das ruhende Neutron ein
magnetischer Dipol von einem gewissen Moment μ ist. Die Experimente
verlangen wohl, dass die ionisierende Wirkung eines solchen Neutrons
nicht grösser sein kann, als die eines gamma-Strahls und darf dann
μ wohl nicht grösser sein als $e \cdot (10^{-13}$ cm).

Ich traue mich vorläufig aber nicht, etwas über diese Idee
zu publizieren und wende mich erst vertrauensvoll an Euch, liebe
Radioaktive, mit der Frage, wie es um den experimentellen Nachweis
eines solchen Neutrons stände, wenn dieses ein ebensolches oder etwa
10mal grösseres Durchdringungsvermögen besitzen würde, wie ein
gamma-Strahl.

Ich gebe zu, dass mein Ausweg vielleicht von vornherein
wenig wahrscheinlich erscheinen wird, weil man die Neutronen, wenn
sie existieren, wohl schon längst gesehen hätte. Aber nur wer wagt,
gewinnt und der Ernst der Situation beim kontinuierliche beta-Spektrum
wird durch einen Ausspruch meines verehrten Vorgängers im Amte,
Herrn Debye, beleuchtet, der mir kürzlich in Brüssel gesagt hat:
"O, daran soll man am besten gar nicht denken, sowie an die neuen
Steuern." Darum soll man jeden Weg zur Rettung ernstlich diskutieren.-
Also, liebe Radioaktive, prüfet, und richtet.- Leider kann ich nicht
persönlich in Tübingen erscheinen, da ich infolge eines in der Nacht
vom 6. zum 7 Dez. in Zürich stattfindenden Balles hier unabkömmlich
bin.- Mit vielen Grüssen an Euch, sowie an Herrn Back, Euer
untertänigster Diener

                                        gez. W. Pauli

1930년 12월 4일, 볼프강 파울리는 리제 마이트너를 수신인으로 튀빙겐 방사선학회에 참석한 동료
물리학자들에게 공개 편지를 보냈다. 베타붕괴를 설명하기 위해서는, 전기적으로 중성이고 질량이
매우 작은, 기존에 존재하지 않는 새로운 입자가 필요하다는 내용이었다. 유령입자라고 불리는 '중성
미자'가 태어나는 순간이었다.

였다. 이 입자의 정의 자체가 '발견될 수 없는 입자'이니 검출해 보려는 시도 자체가 이율배반처럼 보였다. 그래도 이 유령입자를 검출해 보려는 사람들이 생겨나기 시작했다.

2장

세상을 지배하는
네 개의 힘

가능한 결과는 두 가지다.
실험 결과가 가설과 맞으면 당신은 측정을 한 것이고,
가설과 맞지 않으면 발견을 한 것이다.

- 엔리코 페르미(1901~1954)

1951년 시카고 대학의 가속기 조정실에 있는 엔리코 페르미의 모습. 페르미는 베타붕괴를 설명하는 파울리의 입자에 중성미자라는 이름을 지어주었고, 약한 상호작용이라는 이론을 도입해 핵자가 깨지는 현상을 밝혀냈다. 통찰력 있는 이론물리학자였던 페르미는 미국으로 건너가 탁월한 실험 실력으로 인류 최초의 원자로를 만들어 냈다.

자연에는 네 가지 종류의 힘이 있다고 알려져 있다. 이들은 각 각 중력, 전자기력, 강력, 약력이다. 그런데 일상에서 사용되는 힘 이란 단어를 생각해 보면, 도무지 힘이 왜 네 개뿐인지 와 닿지가 않는다. 예를 들어 팔씨름이나 줄다리기를 할 때 쓰는 근육의 힘 은 힘이 아니란 말인가? 분명 근육의 힘으로 물체를 당기거나 밀 어 물체를 움직일 수 있으니 정확히 뉴턴의 운동 법칙을 적용할 수 있다. 또 마찰력도 생각해 볼 수 있다. 마찰력은 물체의 운동을 방 해하는 힘으로 물체의 속도를 변화시키므로 이 또한 힘이다. 그런 데 왜 근육의 힘이나 마찰력은 자연계의 기본 힘이라 하지 않는 걸까?

이를 이해하기 위해서는 한 걸음 더 깊게 생각해 볼 필요가 있다. 근육의 힘이란 결국 근육 세포들이 수축하여 만들어 내는 힘이고, 이는 곧 세포를 구성하고 있는 분자들이 서로 강하게 결합 되어 있기 때문에 가능한 힘이다. 그래서 끝까지 파헤쳐 들어가 보 면 이 분자들이 결합하는 힘은 모두 전자기력의 산물이다. 마찰력 도 마찬가지다. 마찰력은 두 물체가 서로 만나는 표면의 성질에 좌우된다. 끈적끈적한 표면을 가진 물체는 마찰계수가 커서 큰 마찰력을 받을 것이고, 미끈미끈한 물체는 마찰력을 적게 받아 원활하게 움직인다. 물체의 표면이 어떤 것은 끈적거리고, 어떤 것은 미끈거리는 것 역시 따지고 보면 분자나 원자들 사이에 작용하는 전자기력이 근원이다. 이처럼 우리 생활에 나타나는 다양한 힘들은 거의 모두 전자기력일 가능성이 크다.

물론 생활 속에 나타나는 힘 중에 전자기력이 아니면서 엄청나게 중요한 힘이 하나 있다. 바로 중력이다. 중력은 모든 물체를 지구 중심으로 끌어당겨 땅에 붙어 있게 한다. 도시 건축물의 형태나 생명체의 모습 역시 모두 중력에 의해 결정된다. 중력의 크기가 다른 행성에 사는 생명체라면 반드시 우리와는 많이 다르게 생겼을 것이고, 도시의 형태나 자연의 모습도 매우 다를 것이다.

그럼 약력과 강력은 우리 일상에 어떤 영향을 미칠까? 결론부터 이야기하면, 강력은 원자 속에 들어 있는 핵 안에서만 존재하는 힘이니 일상에서 강력을 느낄 방법은 없다. 핵자들이 아주 좁은 공간에 서로 다닥다닥 붙어 있는 것으로 미루어 핵자들 사이에 분명 강력한 접착제 같은 힘이 존재해야 한다는 것을 알 수 있을 뿐이다. 약력 역시 매우 짧은 거리에서만 작동하는 힘이라 우리가 약력을 직접 느낄 방법은 없다. 다만 입자들이 약력에 영향을 받아 변화하는 모습을 관찰해 약력의 존재를 간접적으로 알 수 있을 뿐이다.

결국 일상에서 우리가 느낄 수 있는 힘은 중력과 전자기력 딱

두 가지뿐이다. 전자기력은 양성자와 전자를 서로 떨어지지 않게 붙들어 원자를 만들고, 그들을 결합시켜 분자를 만들고, 더 나아가 물질을 만들어 낸다. 그리고 중력은 그런 물질을 모아 행성을 만들고, 태양계를 만들고, 은하계를 만든다. 우리 눈에 보이는 대자연의 모습은 이 두 가지 힘이 만들고 있는 것이다.

눈에 보이는 세상을 만드는 힘

작은 세상을 만드는 전자기력

수소 원자는 양성자 1개와 전자 1개로 이루어져 있다. 수소 원자 속 양성자와 전자는 보어의 반지름이라 불리는 거리만큼 떨어져 있다. 약 20분의 1나노미터 정도 되는 거리다. 이때 양성자와 전자가 서로 당기는 힘의 크기가 어느 정도인지 한번 알아보자. 물론 이 둘을 잡아당기는 힘은 전자기력이다.

이 힘의 크기를 계산하기 위해서는 쿨롱의 법칙을 써야 한다. 쿨롱의 법칙은

$$F_{Coul} = k_e \frac{q_1 q_2}{r^2}$$

으로, 두 전하 사이에 미치는 힘은 두 전하의 크기의 곱에 비례하고 두 전하 사이의 거리의 제곱에 반비례한다. 여기에 쿨롱 상수와

양성자와 전자의 전하량, 보어 반지름에 해당하는 값을 넣어 보면, 8.2×10^{-8}뉴턴(N)이란 힘이 나온다. 숫자만 봐서는 매우 작은 힘이라고 생각되겠지만, 실제로 이 힘이 양성자와 전자를 묶어 놓는 힘의 크기로 원자와 같이 작은 세상에서는 매우 센 힘이라고 할 수 있다.

전자기력이 얼마나 센지 가늠해 보기 위해, 이번에는 수소 원자 속 양성자와 전자 사이에 작용하는 중력의 크기를 한번 계산해 보자. 뉴턴의 만유인력 법칙은

$$F_{grav} = -G\frac{m_1 m_2}{r^2}$$

으로 쿨롱의 법칙과 매우 비슷하게 생겼다. 전하의 크기 대신에 두 물체의 질량이 들어 있고 비례상수가 다를 뿐이다. 만유인력의 법칙에 중력상수를 대입하고, 양성자와 전자의 질량을 넣고, 둘 사이의 거리에 보어의 반지름을 넣어 크기를 계산하면, 대략 3.6×10^{-47}뉴턴이 나온다. 앞서 계산한 쿨롱의 힘 8.2×10^{-8}뉴턴과 비교하면 크기 차이가 엄청나다는 것을 알 수 있다.

결국 수소 원자 속 양성자와 전자 사이에 미치는 힘은 전자기력이 거의 전부라고 할 수 있다. 중력은 고려해 봤자 전자기력의 10^{-40} 정도로, 전자기력 크기의 1억 분의 1억 분의 1억 분의 1억 분의 1억 분의 1만큼 밖에는 영향을 미치지 않는다. 다른 말로 원자 세계를 들여다볼 때는 중력은 아예 고려할 필요가 없다는 얘기다. 따라서

원자나 분자들 사이의 결합이 어쩌고저쩌고하는 모든 계산에는 중력을 포함시킬 필요가 없다.

이 전자기력을 바탕으로 닐스 보어는 뉴턴 역학을 이용해 원자 속 전자들의 움직임을 풀어낼 수 있었고, 그로부터 수소 원자의 성질도 유추해 낼 수 있었다. 또 에르빈 슈뢰딩거는 자신의 이름이 붙은 방정식에 전자기력을 집어넣어 수소 원자의 복사 스펙트럼을 매우 잘 설명할 수 있었다. 만유인력과 뉴턴의 운동 법칙을 결합하면 케플러의 법칙을 만들어 낼 수 있고 이로부터 핼리 혜성의 주기를 계산해 낼 수 있듯이, 전자기력과 양자역학을 결합하여 원자와 같이 작은 세계의 모습을 그려 낼 수 있게 된 것이다.

큰 세상을 만드는 중력

이번에는 수소 원자 대신 태양계를 한번 생각해 보자. 우리가 사는 지구는 태양의 중력에 끌려 붙잡혀 있다. 태양과 지구 사이에 미치는 중력의 크기는 얼마일까?

앞서 사용한 만유인력의 공식에 태양의 질량과 지구의 질량, 그리고 태양과 지구 사이의 거리를 넣어보자. 이렇게 얻은 값은 무려 3.6×10^{22}뉴턴이나 된다. 실로 어마어마한 크기의 힘이다. 그러니 이 엄청난 크기의 땅덩어리 지구가 태양에 붙잡혀 공전 운동을 할 수 있는 것이다. 티끌 모아 태산이라고 원자 속 세상에서는 너무나 작은 힘인 중력이 거대한 우주 공간에서는 매우 큰 힘이 되고, 나아가 태양계와 같은 구조물을 만드는 주역이 된다.

　　　　　　　　　　2장 세상을 지배하는 네 개의 힘

결국 전자기력이 세다 아니면 중력이 세다 하고 비교하는 것은 큰 의미가 없다. 원자 세계와 같이 작은 세상에서는 전자기력이 중요한 힘이지만, 원자들이 모여 물질을 만들고 나면 전기적으로 중성이 되어 전자기력은 의미가 없어진다. 대신 물질들이 뭉치고 뭉쳐 사과나 농구공과 같은 큰 물체가 되면 중력이 물체의 운동을 지배하기 시작한다. 그리고 행성이나 별과 같이 거대한 덩어리에 중력이 작용하여 태양계나 은하계같이 거대한 구조물이 만들어진다.

눈에 보이지 않는 세상을 움직이는 힘

원자는 원자핵과 전자로 이루어져 있다. 수소의 경우에는 핵이 곧 양성자이고, 전자는 1개뿐이다. 생각할 수 있는 가장 간단한 원자다. 원자번호 2번인 헬륨을 보면 핵은 양성자 2개와 중성자 2개로 구성되어 있고 전자 2개가 있다. 원자번호 3번인 리튬은 양성자 3개와 중성자 3개로 핵이 만들어지고 3개의 전자가 있다. 이런 식으로 멘델레예프의 주기율표에 들어 있는 모든 원자들은 양성자와 중성자가 뭉쳐 핵을 만들고, 전자들이 그 핵 주변을 에워싼 모습을 하고 있다.

그래서 흔히들 원자라고 하면, 한가운데에 마치 포도송이처럼 양성자와 중성자가 뭉쳐 있는 핵이 있고, 그 주위에 원 모양의 궤도를 따라 전자들이 뱅뱅 도는 모습을 떠올린다. 하지만 이건 한참 전 원자 모델로 현재 우리가 알고 있는 원자의 모습과는 많이 다르다.

우선 핵은 원자 크기의 10만분의 1 정도로 작다. 그러니 점으로 찍는 것도 말이 안 될 정도로 작다. 아예 그리지 않는 편이 더 맞다고 할 수 있을 정도다. 또 전자가 어떤 특정 궤도를 따라 돈다는 것 역시 완전히 잘못된 생각이다. 전자는 양자역학적인 확률로 존재하고, 따라서 전자는 확률 분포 함수에 따라 구름처럼 퍼져 있다. 불과 십여 년 전만 해도 이런 원자의 모습을 실제로 볼 수 있을 거라고 생각한 사람은 많지 않았다. 그러나 놀랍게도 원자의 모습을 사진에 담은 연구 결과가 발표된 바 있다. 광이온화 양자 현미경이란 새로운 장비를 이용해 찍은 수소 원자의 모습은 놀랍게도 수소 원자 모델이 예측하는 모습 그대로였다.

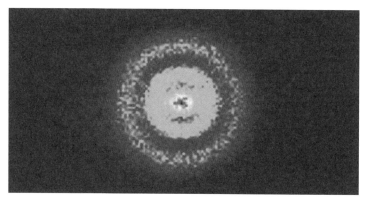

광이온화 양자 현미경으로 찍은 수소 원자의 모습. 가운데 원자핵을 중심으로 전자가 구름처럼 퍼져 분포하고 있다. (Phys. Rev. Lett. 110, 213001)

2장 세상을 지배하는 네 개의 힘

핵자를 묶는 강력

이쯤 되면 한 가지 궁금증이 생긴다. 핵 속에 양성자가 여러 개 들어 있다면 어떤 일이 생길까? 양성자는 모두 양의 전하를 띠고 있으므로 쿨롱 힘에 의해 강하게 반발하여 서로 멀리 떨어지고자 할 것이다. 핵의 크기를 1펨토미터로 놓고 두 양성자 간의 쿨롱 반발력을 계산해 보면, 약 230뉴턴이란 매우 큰 힘이 나온다. 이는 곧 양성자 두 개를 1펨토미터 안에 붙여 놓기 위해서는, 230뉴턴의 쿨롱 반발력보다 더 센 힘으로 두 양성자를 붙여 놓아야 한다는 말이 된다. 결국 전자기력과는 비교가 되지 않을 정도로 강한 인력이 필요하고 물리학자들은 이 힘을 '강력strong nuclear force'이라고 부른다.

강력은 마치 강한 접착제와 같다고 할 수 있다. 예를 들어, 자석의 N극과 N극은 서로 같은 극이라 붙지 않고 반발한다. 그렇지만 N극끼리 아무리 강하게 밀쳐내더라도 이보다 더 강한 접착제를 발라 놓으면 억지로 둘을 붙여 놓는 것이 가능하다. 강력은 바로 초강력 접착제처럼 양성자와 양성자, 양성자와 중성자, 중성자와 중성자를 모두 붙들어 매어 놓을 수 있다.

전자기력이 원자의 크기를 결정하고 원자 구조를 만들었다면, 강력은 원자핵의 크기와 구조를 만들어 낸다. 다시 한번 약한 힘은 큰 구조물을 만들고, 센 힘은 작은 구조물을 만든다는 사실을 확인할 수 있다.

힘의 크기로만 보면, 중력이 가장 약하고 그 다음이 약력이고,

강력이 힘이 가장 세다. 강력은 핵과 같이 극소의 작은 결합 상태를 만들고, 약력은 원자와 분자 수준의 작은 결합 상태를 만든다. 태양계와 같이 큰 결합 상태는 중력이 만든다.

입자를 깨는 약력

앞에서 본 바와 같이 중력은 지구와 달, 태양계나 은하계와 같이 큰 결합 상태를 만든다. 전자기력은 핵과 전자를 결합시켜 원자를 만들고 분자를 만든다. 강력은 양성자와 중성자를 한데 묶어 핵을 만든다. 그럼 자연계의 네 가지 힘 중 하나인 약력은 무엇을 만들까? 답부터 이야기하면 약력은 입자들을 서로 묶는 힘이 아니다. 약력은 어떤 결합 상태도 만들지 않는다.* 약력은 반대로 입자들을 깨는 힘이라고 할 수 있다.

약력이 관여하는 대표적인 예는 베타붕괴다. 베타붕괴는 앞서 본 바와 같이 핵에서 전자가 튀어나오면서 동시에 중성자 하나가 양성자로 바뀌는 과정이다. 그리고 파울리가 에너지 보존 법칙을 지키기 위해 도입한 중성미자가 함께 따라 나온다는 가정을 한 바 있다. 이렇게 중성자를 깨서 양성자로 바꾸는 데 관여하는 힘을 약력 혹은 약한 상호작용이라고 부른다.

다른 예도 있다. 우주에서 지구로 쏟아져 들어오는 입자들을

---

* 암흑물질의 후보인 윔프WIMP, Weakly Interacting Massive Particles가 약한 상호작용을 통해 결합 상태를 만들 수 있다는 이론적 주장이 있다(Phys. Rev. D **79**, 055022).

우주선宇宙線, cosmic ray이라고 한다. 우주선은 보통 엄청나게 큰 에너지를 가진 양성자인데, 이들이 지구로 들어와 대기 입자들과 부딪치면 파이온과 같은 2차 입자를 많이 만든다. 파이온은 다시 약한 상호작용에 의해 뮤온으로 붕괴한다. 그리고 이렇게 생성된 뮤온은 다시 약한 상호작용에 의해 전자로 붕괴한다. 재미있는 사실은 파이온이 뮤온으로 붕괴할 때나 뮤온이 전자로 붕괴할 때 중성미자가 항상 함께 생겨난다는 점이다. 이처럼 중성미자는 약한 상호작용과 밀접한 관계가 있다. 그래서 중성미자를 이해하기 위해서는 약한 상호작용을 잘 알고 있어야 한다.

약력의 탄생

베타붕괴의 수수께끼는 중성미자란 입자를 가정하면서 이론적으로는 쉽게 해결할 수 있었다. 그러나 실험으로 검증되지 않은 이론은 결코 참된 이론이란 평가를 받지 못한다. 그저 하나의 가능성일 뿐이다. 그러니 중성미자가 실제 존재하는지를 알아보는 실험은 더욱더 중요한 문제가 될 수밖에 없었다.

물리학자들은 엄청나게 끈질기고 집요한 사람들이다. 아인슈타인 같은 천재 물리학자의 전형 같지만, 실상은 은근과 끈기, 집념으로 똘똘 뭉친 사람의 모습이 물리학자에 더 가깝다. 사실 중성미자가 전혀 반응을 하지 않는 것은 아니다. 아주 드물지만 운 좋게 반응을 하기도 한다. 짚단에서 바늘 하나를 찾는 격이기는 하지만, 이 입자를 검출할 가능성이 아예 없는 것은 아니다. 바로 그 일을 해낸 사람들이 앞으로 나올 물리학자들이다.

앞서 잠깐 언급했듯이 파울리가 제안한 유령입자에 중성미자란 이름을 붙인 사람은 엔리코 페르미다. 페르미는 그야말로 핵물리학을 대표하는 학자로, 핵폭탄의 창조자이면서 약한 상호작용의 아버지이기도 하다.

그의 이름은 물리학 교과서를 넘어 우리 주변 여기저기에서 발견된다. 나노미터(10^{-9}m)보다 백만 배나 작은 길이의 단위인 펨토미터(10^{-15}m)를 1페르미^{fermi}라고 부른다. 파울리의 배타원리를 따르는 입자들을 페르미 입자 또는 페르미온이라 부르고, 이런 페르미 입자를 다루는 물리학을 페르미-디랙 통계라 부른다. 페르미 에너지 또는 페르미 준위란 말은 반도체를 이해하기 위해서는 필수적으로 알아야 하는 용어다. 컴퓨터, CPU, 메모리, SSD 등을 언급하며, 반도체 전문가인 양 나노 공정이 어쩌고저쩌고 많은 이야기를 장황하게 하더라도, 정작 페르미 에너지가 뭔지 모른다면, 그는 필경 반도체 전문가가 아닌 그냥 장사꾼임에 틀림없다.

페르미가 얼마나 위대한지는 미국에 그의 이름을 딴 국립 연구소가 있다는 사실만으로도 짐작할 수 있다. 유럽에 힉스 입자의 발견으로 유명세를 떨친 유럽입자물리연구소^{CERN}가 있다면, 미국에는 바로 페르미연구소$^{Fermi\ National\ Accelerator\ Laboratory}$가 있다. 이휘소 박사가 이 연구소의 초대 이론물리 연구부장을 역임했다고 해서 우리에게도 잘 알려진 곳이다. 페르미는 또 유대인인 부인을 보호하기 위해 이탈리아로 돌아가지 않고 1938년 노벨상 수상 후 미국으로 망명한 일화로도 유명하다. 페르미가 어떤 사람이었는가에 대해서는 그의 전기 제목만 봐도 알 수 있다. "물리학의 교황The Pope of Physics", "모든 것을 알았던 마지막 사람The last man who knew everything"이 각각 2016년과 2017년에 출판된 페르미 전기의 제목이다.

페르미 상호작용

중성자가 발견되자 페르미는 베타붕괴에 대해 새로운 해석을 시도했다. 그는 베타붕괴가 핵에서 전자와 중성미자가 그냥 튀어나오는 것이 아니고, 핵 속의 중성자가 양성자로 붕괴하면서 전자와 중성미자를 내놓는다는 획기적인 아이디어를 내놓았다. 이를 반응식으로 쓰면

$$n \rightarrow p + e^- + \bar{\nu}_e$$

로 쓸 수 있다.

여기서 좌변의 n은 중성자, 우변의 p는 양성자, e^-는 전자이고, $\bar{\nu}_e$는 반중성미자를 뜻한다. 입자를 나타내는 기호 위에 선이 하나 그어져 있으면 반입자를 나타낸다. 물론 페르미가 중성자 붕괴식을 제안했을 때는 반중성미자라는 개념이 없었으므로, 페르미의

원 반응식에는 중성미자와 반중성미자가 구분되어 있지 않았다. 하여간 페르미가 제안한 이 중성자 반응식은 마치 중성자, 양성자, 전자, 중성미자, 이렇게 4개의 입자가 한 점에서 만나 반응하는 것 같이 보인다고 해서 4-페르미온 상호작용이라고 불렸다. 이를 그림으로 표현하면 다음과 같다.

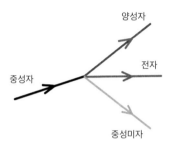

페르미는 더 나아가 이렇게 4개의 입자가 한 점에서 만나 반응할 확률도 계산했다. 사람들은 이 4개의 입자가 동시에 만나는 반응을 페르미 상호작용이라고 불렀는데, 그 확률이 매우 작아 훗날 이를 '약한 상호작용'이란 이름으로 부르게 되었다.

많이 알려진 사실이지만 페르미는 자신의 이 획기적인 이론을 과학 저널의 최고봉인 《네이처》에 제출했다. 그런데 《네이처》의 편집자는 페르미의 논문이 독자들의 관심과는 거리가 멀다고 판단하여 게재를 거절했다. 훗날 《네이처》가 스스로 밝혔듯이 《네이처》는 역사적인 논문의 출판을 걷어찬 엄청난 실수를 한 것이었다.

《네이처》 게재를 거부당한 페르미는 그의 논문을 당시 물리학 분야의 유명 저널인《물리학 저널*Zeitschrift für Physik*》에 투고했고, 그의 업적은 상당 기간 잊혀져 있었다.

이 사건으로 페르미가 이론물리학에 회의를 느끼게 되어 그랬다는 설도 있지만, 페르미는 이후 실험물리학에 집중하게 된다. 미국으로 망명한 페르미는 이후 중성자를 다루는 많은 실험과 함께 핵발전소와 핵폭탄 개발을 주도하면서 실험물리학자로서 꽃을 피웠다. 페르미 이후로는 더 이상 이론물리학과 실험물리학 양쪽에서 모두 큰 성공을 거둔 물리학자가 나오지 않고 있다. 아마도 물리학 연구가 점점 더 세분화되고 복잡해지고 전문화되어서 그런 것이라 짐작된다.

약력의 현대적 해석

현대적 해석에 따른 약한 상호작용은 엄밀히 말하면 페르미 상호작용처럼 4개의 입자가 동시에 만나 상호작용을 하는 것은 아니다. 한 점으로 표현된 부분을 확대해 보면 중성자가 양성자로 바뀌면서 아주 짧은 시간이나마 약한 힘을 전달하는 매개 입자를 내놓고 이 매개 입자가 다시 전자와 중성미자로 변환되는 과정이 포함되어 있다. 즉 현대의 약한 상호작용은 매개 입자가 있다는 점에서 페르미의 아이디어와 차이가 있다. 이 매개 입자를 영어 단어 '약하다*weak*'의 첫 문자인 W를 따서 W 보손(보스 입자)라 부른다.

약한 상호작용이 나오기 전까지는 입자들이 만들어지고 사라지는 일은 오로지 전자기력에 의해서만 가능하다고 생각했다. 즉

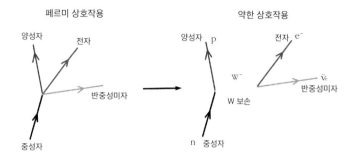

페르미 상호작용에서는 4개의 입자가 한 점에서 만난다. 약한 상호작용에서는 전자와 중성미자가 생겨날 때 매개입자인 W 보손이 개입한다.

전자와 양전자가 서로 만나 사라지면서 빛을 만들거나, 반대로 광자들이 사라지면서 전자와 양전자가 쌍으로 나타나는 등의 현상은 모두 전자기 현상을 바탕으로 한 양자 이론으로 설명하고 있었다. 약한 상호작용은 전자기 현상과는 완전히 다른 방법으로 입자들이 만들어지고 사라지는 것이어서, 이는 기존의 힘인 중력, 전자기력과 완전히 다른 전혀 새로운 자연계의 힘으로 인식될 수밖에는 없었다.

이제 약력은 엄연히 중력, 전자기력, 강력과 함께 자연계에 존재하는 네 가지 기본 힘의 하나로 다뤄지고 있고, 고등학교 교과과정에도 나오는 상식이 되었다. 그렇지만 약력은 물리학 전공자라 하더라도 여전히 이해하기 힘든 힘이다. 예를 들어 약력을 매개하는 W 보손의 질량은 80기가전자볼트(GeV/c²)로 양성자나 중성자보다 팔십여 배나 크다. 입자 하나의 질량이 크립톤 원자의 질량과 비슷할 정도다. 베타붕괴는 결국 중성자가 양성자로 변하면서 자기 몸무게보다 팔십여 배나 무거운 W 입자를 내놓는 과정으로 시작한다. 이는 얼핏 보기에 에너지 보존 법칙을 깨는 행위이고, 일상에서는 절대 관찰할 수 없는 현상이다. 그러나 양자역학이 지배하는 입자들의 세계에선 불확정성 원리에 의해 가능한 일이다.

약력을 매개하는 입자는 W 보손만 있는 것이 아니다. Z^0 보손이라고 불리는 입자 역시 약력을 전달한다. W 입자를 주고받는 경우에는 중성자가 양성자로 바뀌는 것처럼 반응 전후 입자들의 전하 상태가 바뀐다. 이와 달리 Z^0 보손은 중성이어서, 이 매개 입자를 주고받아도 입자들의 전하 상태가 바뀌지 않는다. 마치 전자기력을 전달하는 광자와 비슷해 보인다. 하지만 광자의 경우에는 전기를 띤 입자들 사이에서만 힘을 전달하는 것과 달리 Z^0 보손은 중성 입자들 사이에서도 힘을 매개할 수 있다. 예를 들어 중성미자와 중성미자는 중성인 Z^0 보손을 주고받으며 상호작용을 할 수 있다. 약력을 전달하는 중성 매개 입자가 존재한다는 사실은 실험을 통해 1970년대에 이미 알려졌고, 1983년에 CERN에서 카를로 루비아가 이끄는 연구팀이 W 보손과 Z^0 보손을 직접 검출해 냈다.

입자와 힘, 그리고 표준모형

자연계에 존재하는 4개의 힘을 설명하는 물리 이론은 크게 두 가지로 나뉜다. 중력을 기술하는 아인슈타인의 일반상대성이론, 그리고 전자기력, 약력, 강력, 이렇게 세 가지 힘을 양자장론으로 기술하는 표준모형이 바로 그것이다. 일반상대성이론은 중력을 시공간의 왜곡에 의한 효과로 설명하고 있고, 지금까지 거의 모든 실험 결과와 잘 맞아 들어가고 있어 참된 중력 이론으로 여겨지고 있다. 그런데 양자장론이 다른 세 힘을 잘 설명하고 있어, 중력도 양자장론의 형태로 기술하여 모든 힘을 양자장론으로 설명하고자 하는 노력이 지금도 계속되고 있다. 양자장론으로 기술되는 전자기력, 약력, 강력은 모두 특정한 매개 입자에 의해 전달된다.

표준모형이 기술하는 세상은 매우 단순하다. 이 세상 모든 물질의 궁극은 페르미온들이고, 이들 사이의 상호작용은 모두 보손에 의해 매개된다는 것이다. 어떤 페르미온이냐와 어떤 보손으로 힘을 주고받느냐만 알면 입자들의 상호작용을 모두 설명할 수 있다는 것이 표준모형인 것이다. 단, 중력은 제외하였으니 표준모형은 미시세계에서만 잘 들어맞는 이론이다.

3장

모습을 드러낸
중성미자

나는 당신들의 스파이가 아닌
한 사람의 위대한 과학자로 죽고 싶다.

– 브루노 폰테코르보(1913~1993)

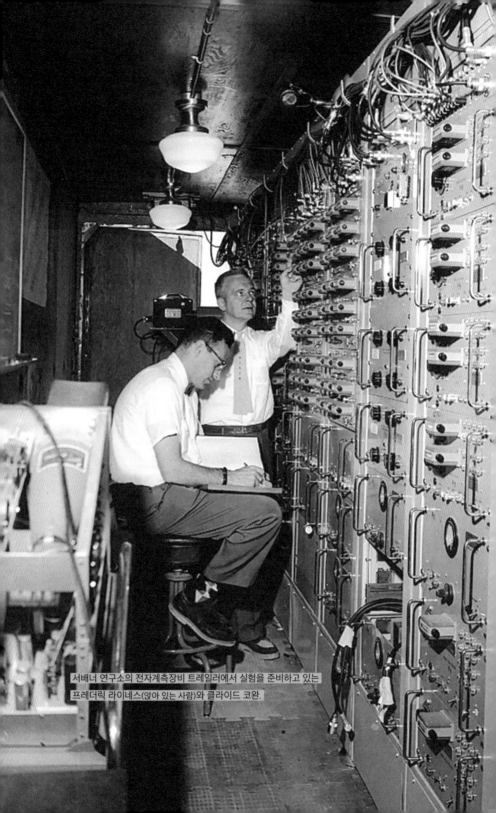

서배너 연구소의 전자계측장비 트레일러에서 실험을 준비하고 있는 프레더릭 라이네스(앉아 있는 사람)와 클라이드 코완.

중성미자의 가장 큰 특징은 웬만해서는 물질과 반응하지 않는다는 것이다. 예를 들어 우주가 물로 가득 차 있다고 가정하고 중성미자가 반응할 확률을 계산해 보면 중성미자는 물과 반응하지 않고 수십 광년을 날아갈 수 있다. 1광년은 자그마치 10조 킬로미터나 되는 거리다. 철판으로 빽빽하게 채운다 해도 수 광년은 반응하지 않고 족히 내달릴 수 있는 입자가 중성미자다. 실험실에 아무리 많은 사진 건판을 쌓아 놓아도 중성미자가 찍힐 확률은 0이라고 보는 편이 차라리 낫다. 파울리가 말한 대로 중성미자는 검출할 수 없는 입자인 것이다.

로또 당첨이 힘들다는 것은 누구나 알고 있다. 1등에 당첨될 확률은 800만분의 1에 불과하다. 800만 장을 한꺼번에 산다면 당첨될 가능성이 꽤 높겠지만 그래도 떼돈을 벌 것이라는 생각은 버리는 편이 좋다. 로또 회사가 사업 수익금을 먼저 공제하기 때문에 실제 당첨금의 총합은 투자금의 절반도 되지 않을 것이기 때문이다. 로또의 진실은 매우 잘 알려져 있지만, 그래도 사람들은 끊임없이 로또를 산다. 왜 그럴까? TV를 보면 1등이 여러 명 나올 때

3장 모습을 드러낸 중성미자

도 있다. 그러니 언젠가는 나도 당첨자가 될 수 있을 거란 희망을 품게 되고, 또 당첨 후에 펼쳐질 행복한 미래를 상상하는 즐거움에 우리는 로또를 산다. 800만분의 1의 확률에도 1등 당첨자가 나오는 이유는 아주 간단하다. 로또가 한 장만 팔린다면 1등이 나올 확률은 800만분의 1이겠지만, 회당 판매되는 로또는 수천만 장이나 되기 때문이다.

알고 보면 중성미자를 검출하는 일도 이와 비슷하다. 지구 밖에서 날아오는 중성미자 하나를 검출하는 것은 아마도 불가능하겠지만, 엄청나게 많은 중성미자가 쏟아진다면 상황은 달라진다. 수천만 장의 로또가 팔리면 그중 어떻게든 1등 번호가 나오는 것처럼, 운 좋게 실험실 검출기에 중성미자가 포착될 수 있기 때문이다.

스파이로 불렸던 천재

불가능을 꿈꾸었던 과학자

실제로 중성미자를 포착할 수 있을 것이란 생각을 구체적으로 한 사람이 있었다. 그는 막시모비치란 러시아 이름을 가진 이탈리아인 브루노 폰테코르보였다. 중성미자에 웬만큼 관심이 있는 사람이 아니라면 그의 이름은 생소할 수 있다. 그러나 폰테코르보는 중성미자와는 떼려야 뗄 수 없는 이름이다. 중성미자에 대한 노벨상은 거의 모두 그의 연구를 바탕으로 나왔다고 해도 과언이 아니다. 2002년 노벨물리학상이 바로 폰테코르보가 제안한 실험을 바탕으로 나온 것이고, 2015년도 노벨물리학상 역시 그의 초기 이론을 확증한 결과로 나온 것이다.* 그러나 정작 그는 노벨상을 받지 못했다. 무슨 사연이 있었던 걸까?

이탈리아의 피사 대학에 다니던 폰테코르보는 1931년 18살의 나이에 로마 사피엔자 대학에 편입한다. 그리고는 2년 만인 20세에 110점 만점에 110점이란 점수로 수석 졸업하며 물리학 박사 학위를 받았다.** 당시 로마 대학에는 물리학계의 떠오르는 스타 엔리코 페르미가 교수로 있었다. 폰테코르보는 페르미의 연구 그룹에 최연소 연구원으로 합류했다.

사람들은 페르미 그룹의 젊은 연구원들을 '파니스페르나 길의 아이들'이라고 불렀다. 파니스페르나 거리가 로마 대학 물리학과 건물 앞에 있는 길의 이름이니 아마도 그 주변에서 뭉쳐 다녀 그런 이름을 갖게 된 모양이다. 이들 모두는 훗날 핵물리학의 대가로 성

---

* 2002년 노벨물리학상은 레이먼드 데이비스와 고시바 마사토시, 그리고 리카르도 자코니가 받았다. 데이비스의 실험은 바로 폰테코르보가 최초로 제안한 실험이 었다. 2015년에는 가지타 다카아키와 아서 맥도널드가 받았다. 그들은 각각 중성미자 진동을 검증하여 노벨상을 받았는데, 중성미자 진동 이론의 최초 제안자도 폰테코르보였다.

** 당시 학위명은 라우레아Laurea로, 이를 마친 사람을 박사라고 불렀다.

1934년 로마 대학 물리학과 건물 앞에 선 '파니스페르나 길의 아이들'. 이 별명은 사피엔자 로마 대학의 페르미 연구팀을 부르는 이름이었다. 왼쪽부터 오스카르 디아고스티노, 에밀리오 세그레, 에도아르도 아말디, 프랑코 라세티, 그리고 맨 오른쪽이 엔리코 페르미다. 가장 막내인 폰테코르보가 이 사진을 찍어 그의 모습은 이 사진에 없다.

장해 원자로와 원자폭탄 개발의 주역으로 명성을 떨쳤다. 이탈리아에서는 그들의 일대기를 그린 영화도 만들어졌다고 하니 우리에겐 생소해도 꽤 유명한 물리학자들이라는 사실에는 의심의 여지가 없다.[*]

  페르미의 연구 그룹에 들어간 폰테코르보는 금세 실력을 나타냈다. 폰테코르보는 페르미와 함께 중성자의 핵반응에 대한 논문

* 〈파니스페르나 길의 아이들I ragazzi di via Panisperna〉(1989)

과 특허에 속속 공저자로 참여했다. 저속 중성자 분야에서 독립적인 연구자로 성장한 폰테코르보는 1936년 로마를 떠나 이렌과 프레데리크 졸리오퀴리 부부가 있는 파리의 라듐연구소에서 중성자에 대한 연구를 계속 이어갔다.

공산주의자라는 꼬리표

파리로 떠난 지 얼마 되지 않아 폰테코르보는 스물네 살의 나이에 로마 대학의 교수 자리를 약속받는다. 그러나 그는 로마로 돌아가지 않았다. 당시는 무솔리니의 파시즘이 정권을 잡고 있을 때였고, 이탈리아에서도 독일처럼 유대인 차별이 시작되고 있었다. 폰테코르보는 유대인의 피를 지녔고 또한 공산주의자였다. 당시 유럽에서 공산주의는 금기의 이념이 아니었고, 젊은이들 사이에 유행처럼 번져가던 새로운 사조였다. 게다가 폰테코르보는 파리에서 평생을 함께 할 연인 마리안느를 만나 사랑에 빠져 있었다. 이탈리아로 돌아간다는 것은 그에게는 큰 부담이었다. 그의 스승인 페르미가 1938년 노벨상 수상식에 참석하고는 유대인이었던 아내와 미국으로 망명한 것처럼, 폰테코르보도 자연스럽게 망명자의 신분이 되었다. 스승을 따라 '파니스페르나 길의 아이들'은 뿔뿔이 흩어져 서방 세계로 떠나게 된다.

제2차 세계 대전이 발발하고 독일군이 파리로 침공해 들어오자 폰테코르보는 프랑스를 떠나 미국으로 갔다. 다행히도 폰테코르보는 페르미 연구실의 동료 교수였던 에밀리오 세그레의 추천을 받아

유전 탐사 회사에 취직할 수 있었다. 당시는 방사능을 이용한 지질 연구가 주목받기 시작하던 때였고, 폰테코르보는 중성자를 다룰 수 있는 뛰어난 전문가였기 때문에 쉽게 직장을 구할 수 있었다.

폰테코르보는 미국에서 페르미와 재회했다. 페르미는 이미 그의 실력을 알고 있던 터라 비밀리에 그를 영국과 캐나다가 공동으로 추진하는 핵무기 개발팀에 추천했다. 폰테코르보는 페르미의 추천에 따라 캐나다로 건너갔고, 그곳에서 영국의 원자력에너지연구원 소속으로 핵무기 개발에 참여하게 되었다. 하지만 운명의 장난이었을까? 폰테코르보가 일을 시작한 지 얼마 되지 않아 영국과 캐나다의 핵무기 개발 프로그램은 미국의 맨해튼 프로젝트와 합쳐지게 된다.

불행히도 폰테코르보는 미국이 주도하는 맨해튼 프로젝트의 주역이 될 수 없었다. 프랑스에서 공산당에 가입한 전력이 있어 여전히 공산주의자라고 의심받고 있었기 때문이었다. 결국 폰테코르보는 핵무기 개발을 위한 맨해튼 프로젝트에 합류하지 못하고 캐나다에 남게 되었다. 폰테코르보는 그곳에서 핵무기가 아닌 원자로 개발에 투입되었다. 캐나다 최초의 원자로 NRX[National Research eXperimental] 건설에 참여하게 된 것이었다.

이때부터 그는 본격적으로 원자로에서 발생하는 중성미자 연구에 집중했다. 그리고 많은 사람들이 불가능하다고 생각했던 중성미자 검출 방법을 찾아내게 된다. 훗날 태양 중성미자 검출로 레이먼드 데이비스에게 노벨상을 안긴 유명한 염소-아르곤 실험이 바로 이곳에서 탄생한 것이다. 하지만 정작 폰테코르보는 자신이 최초로 고안한 염소-아르곤 방법을 쓴 중성미자 검출 실험을 실행에 옮길 수가 없었다. 폰테코르보에게는 또 다른 잔인한 운명의 장난이 싹트고 있었기 때문이었다.

그는 정말 스파이였을까

제2차 세계 대전이 끝나자 영국과 프랑스는 원자폭탄과 수소폭탄 개발에 힘을 기울였다. 두 나라 모두 미국으로 건너간 자국의 핵물리학자들을 본국으로 불러 모았다. 영국의 원자력에너지연구원 소속이던 폰테코르보는 결국 중성미자 검출 실험을 완수하지 못하고 1949년 영국으로 돌아가게 되었다. 프랑스, 미국, 캐나다를 거쳐 다시 유럽으로 돌아오는 고단한 떠돌이 생활이 계속되었다.

영국에 도착해 하웰의 원자력연구소에서 일하게 된 폰테코르보에게 주어진 것은 안정된 직장과 행복한 생활이 아니었다. 미국의 FBI가 맨해튼 프로젝트에 참여했던 과학자들을 뒷조사해 폰테코르보가 소련과 내통하는 스파이일 수 있다고 영국의 MI6에 알려주었기 때문이었다. 연구소에선 스파이를 잡아내기 위한 조사가 시작되었고, 실제로 폰테코르보와 같이 일하던 동료가 스파이로 체포되기도 했다. 폰테코르보는 스파이 활동의 증거가 없어 체포되지는 않았지만 스파이일지도 모른다는 의심의 눈초리는 가시지 않았다. 결국 그는 하웰 연구소에서 진행되는 모든 1급 기밀 연구에서 빠지게 되었다.

　주요 연구에 참여할 수 없었던 폰테코르보는 우주선이나 중성 미자 등 기초 연구에 관심을 둘 수밖에 없었다. 그러다 이듬해인 1950년에 폰테코르보는 리버풀 대학에 교수로 가게 되었다. 대학에 자리를 잡았으니 이쯤에서 폰테코르보의 역경이 끝날 수도 있었다. 그러나 불행히도 그가 겪어야 할 고난은 아직 남아 있었다.

　리버풀 대학에 부임하기 전 폰테코르보는 가족을 데리고 로마로 휴가를 떠났다. 그리고 그곳에서 폰테코르보와 그의 가족은 순식간에 증발해 버렸다. 납치되었다는 설도 있지만 공식적으로는 그가 가족을 데리고 스웨덴과 핀란드를 거쳐 소련으로 넘어갔다고 알려졌다. 그 일 이후 폰테코르보라는 이름은 한동안 세상에서 잊혀지게 된다.

　5년이란 시간이 지나고 사람들이 더 이상 그를 찾지 않게 되었을 무렵, 폰테코르보는 소련에서 갑자기 나타났다. 브루노 막시모비치 폰테코르보라는 바뀐 이름으로. 그는 기자 회견장에서 자신이 왜 공산주의를 동경하게 되었고, 어떻게 소련으로 망명했는지를 차분히 설명했다. 물론 어느 누구도 그의 말이 진실인지 강압에 의한 것인지 알지 못했다.

기다림의 시작

작다는 것은 없다는 것이 아니다. 반응 확률이 낮아 절대 발견할 수 없을 것 같던 중성미자를 실험실에서 찾아낼 수 있다고 가장 먼저 생각한 사람은 폰테코르보였다. 중성미자 탐색 실험을 최초로 추진한 사람도 그였다. 하지만 폰테코르보가 제안했던 실험은 그가 소련으로 망명하면서 빛도 보지 못한 채 역사 속으로 잠시 사라졌다. 그가 망명했던 소련이 중성미자 실험을 허락하지 않았기 때문이었다. 사장될 위기에 처했던 그의 실험은 아이러니하게도 소련의 적이었던 미국의 한 과학자에 의해 되살아났다. 그와는 한 살 밖에 차이가 나지 않는 동시대 인물 레이먼드 데이비스가 바로 그 주인공이다.

원자로에서 쏟아져 나오는 중성미자

캐나다 최초의 원자로는 1947년에 만들어졌다. 초크리버원자력연구소에 건설된 NRX라 불리는 이 원자로는 당시 세계 최대 출력을 자랑했다. 원자로의 출력이 크다는 것은 곧 원자로 내에서 핵분

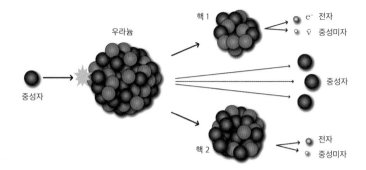

중성자가 우라늄 핵과 충돌하면 우라늄 핵이 2개의 핵으로 쪼개지면서 2~3개의 중성자가 추가로 발생한다. 이들 중성자는 다른 우라늄 핵을 연쇄적으로 붕괴시킨다. 핵분열 연쇄 반응이다. 우라늄 붕괴로 생성된 핵은 중성자를 과도하게 많이 포함하고 있다. 이들 핵에서는 중성자가 베타붕괴를 통해 양성자로 변하며 전자와 반중성미자를 생성한다.

열 반응이 많이 생긴다는 의미이기도 했다.

NRX 원자로의 출력은 1천만 와트(10메가와트)였다. 요즘 원자력 발전소의 출력이 보통 수십억 와트(1~4기가와트)인 것에 비하면 수백 배나 작지만 당시 기준으로는 엄청난 파워였다. 우라늄 핵이 한 번 분열하면 2억 전자볼트 정도의 에너지가 나온다. 이는 대략 3×10^{-11}줄(J)에 해당하는 에너지인데, 이를 NRX 원자로의 출력과 비교하면 초당 3×10^{17}번의 핵분열이 원자로 안에서 일어나고 있다는 말이었다.

우라늄과 같이 무거운 핵이 핵분열을 하고 나면 중성자를 과도하게 많이 가진 불안정한 핵이 생겨난다. 그리고 이들 불안정한 핵이 베타붕괴를 일으켜 좀 더 안정적인 핵으로 바뀌면서 중성미자가 발생한다. 즉 핵분열 반응이 많이 일어난다는 것은 중성자가 많이 발생한다는 것과 함께 그만큼 중성미자도 많이 나온다는 의미다. NRX 원자로의 경우에는 어림잡아도 대략 매초 10^{18} 개, 즉 약 100경 개의 엄청난 양의 중성미자가 방출되었다.

폰테코르보는 이렇게 많은 양의 중성미자가 원자로에서 나온다면 중성미자가 제아무리 반응을 하지 않는다 하더라도 한두 개쯤은 운 좋게 검출해 낼 수 있을 거라고 생각했다. 문제는 '중성미자가 반응을 했는지 안 했는지를 어떻게 알아낼 수 있느냐'였다. 폰테코르보는 염소 원자의 가능성에 주목했다.

중성미자를 찾아낼 기막힌 방법

폰테코르보가 염소 원자를 이용하려고 했던 데는 이유가 있었다. 이를 알아보기 위해 먼저 베타붕괴 과정을 다시 한번 살펴보자. 베타붕괴는 핵 속에 있는 중성자가 양성자로 바뀌면서 전자와 반중성미자를 내놓는 반응이다.

$$n \longrightarrow p + e^- + \bar{\nu}_e$$

이 반응에서 화살표 오른쪽에 있는 반중성미자를 왼쪽으로 넘겨주면, 중성자와 중성미자가 충돌하는 반응이 된다. 반응식의 오른쪽에 있던 반입자가 왼쪽으로 넘어가면 전하의 부호가 바뀌면서 입자가 된다.

$$n + \nu_e \longrightarrow p + e^-$$

폰테코르보는 바로 이 식에서 멋진 생각을 떠올린다. 즉, 중성미자가 핵에 부딪치면 베타붕괴처럼 핵종이 바뀔 거란 생각을 했던 것이다.

예를 들어, 원자번호 17인 염소-35 원자에 중성미자가 부딪치면, 원자번호가 하나 큰 18번 아르곤-35 원자가 된다.

$$^{35}_{17}Cl + \nu_e \longrightarrow {}^{35}_{18}Ar + e^-$$

이는 사실상 베타붕괴와 같은 과정이다. 그리고 이때 만들어진 아르곤은 비활성 기체라 다른 원소와 결합하지 않고 쉽게 분리되어 나온다. 따라서 염소만 들어 있는 탱크에서 아르곤 기체가 발생한다면 이는 중성미자가 염소 원자와 반응한 것이라 생각할 수 있고, 그렇다면 중성미자의 존재를 실험적으로 검증한 것이 된다. 문제는 중성미자가 염소 원자의 핵과 반응할 확률이 매우 낮고, 따라서 반응으로 생길 아르곤 원자 역시 몇 개 되지 않을 것이어서 이를 센다는 것이 결코 쉽지 않다는 점이었다.

자연에 존재하는 염소 원자는 크게 두 가지로 나눌 수 있다. 질량수에 따라 염소-35와 염소-37이다. 이 둘은 동위원소로 화학적 성질은 같고 질량만 다르다. 자연에는 염소-35와 염소-37이 대략 3:1의 비율로 존재한다. 눈이 달려 있지 않은 중성미자 입장에선 자신이 염소-35와 부딪치는지 염소-37과 부딪치는지 알 수 없다. 우선 중성미자가 염소-35와 부딪치면 앞에서 본 바와 같이 중성자가 양성자로 바뀌게 된다. 즉, 질량수는 35를 유지한 채, 원자번호만 하나 늘어, 염소-35가 아르곤-35가 된다. 중성미자가 염소-37에 부딪쳐도 마찬가지로, 질량수 37은 그대로인 채 원자번호만 하나 늘어 아르곤-37이 된다. 그런데 바로 여기에 재미있는 사실이 하나 있다. 중성미자와 부딪혀 생성된 아르곤-35와 아르곤-37이 완전히 다른 행동을 한다는 것이다.

우선 아르곤-35의 원자핵은 불안정해 '양전하의 베타붕괴positive beta decay'를 일으켜 곧바로 염소-35로 되돌아간다.* 양전하의 베타붕괴는 베타붕괴의 반대라고 생각하면 된다. 베타붕괴가 중성자가 양성자로 바뀌면서 전자와 반중성미자를 내놓는 것이라면, 양전하의 베타붕괴는 양성자가 중성자로 변하면서 양전자와 중성미자를 내놓는 반응이다.** 즉 양전하의 베타붕괴가 일어나면 질량수는 그대로지만 베타붕괴와 다르게 원자번호가 하나 줄어든다. 따라서 원자번호 18인 아르곤-35가 생성되지만, 몇 초 만에 다시 원

---

* 베타입자가 전자이므로, '양전하의 베타입자positive beta 혹은 beta plus'는 양전자를 말한다. 그래서 '양전하의 베타붕괴'는 '양전자 방출positron emission'이라고도 한다.
** 중성자는 양성자와 질량이 거의 같지만, 중성자가 조금 더 무겁다. 그래서 정지 상태에 있는 양성자가 중성자를 포함한 입자로 붕괴할 수는 없다. 양전하의 베타붕괴가 가능한 이유는 핵 속에서 양성자가 충분한 에너지를 가지고 요동하고 있기 때문이다.

자번호 17인 염소-35로 돌아가 중성미자와 충돌했던 흔적이 감쪽같이 사라진다.

반면 아르곤-37의 원자핵은 상당히 안정적이다. 그렇다고 아르곤-37의 수명이 영원한 것은 아니다. 어느 정도 시간이 지나면 아르곤-37의 핵은 원자 속에 있는 전자 한 개를 꿀떡 삼켜 버린다. 보통 핵에 가장 가까이 있는 K 껍질의 전자를 잡아먹으므로 이를 'K 전자 포획K-electron capture'이라고 부른다. 핵이 전자 하나를 포획하면 핵의 전하가 하나 줄어든다. 즉, 원자번호 18인 아르곤-37이 전자 한 개를 포획해, 중성미자 한 개를 내놓으면서 원자번호 17인 염소-37로 돌아가는 것이다. 양전하의 베타붕괴와 다른 점은 K 전자 포획이 쉽게 일어나는 일이 아니라서 한참을 기다려야 한다는 것이다. 이 반응을 통해 최초 생성된 아르곤-37 양이 절반으로 줄어드는 데 필요한 시간을 반감기라고 할 수 있는데, 이 시간이 34일이나 된다. 즉, 꽤 오랫동안 아르곤-37이 자신의 상태를 유지하고 있어서 실험을 통해 아르곤-37을 찾아낼 시간적 여유가 있다.

더욱 재미있는 일은 K 껍질에 있던 전자가 핵에 잡아먹히고 난 뒤에 벌어진다. K 껍질에 있던 전자가 갑자기 사라진 것은 마치 돌을 하나씩 쌓아 만든 탑에서 아래쪽 돌이 하나 빠진 것과 비슷한 상황이라고 할 수 있다. 그래서 2층에 해당하는 L 껍질의 전자 하나가 그보다 에너지가 낮은 상태인 K 껍질로 내려간다. 2층에 있던 전자가 1층으로 점프해 내려가면 당연히 에너지가 발생한다. 사

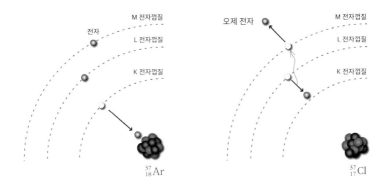

람도 2층에서 1층으로 뛰어내리면 고통과 함께 '앗' 하고 소리 에너지가 나오듯이 말이다. 이렇게 발생한 에너지는 다른 층으로 전달되어 그곳에 있던 전자를 원자 밖으로 밀어낸다. 어찌 보면 매우 아이러니한 상황이다. 1층에 있던 친구 하나가 가출을 하면, 2층에 있던 다른 친구가 그 자리를 채우기 위해 뛰어내리고, 그때 발생한 충격파로 다른 층에 있던 제3의 친구가 놀라 집 밖으로 뛰쳐나가는 모습이니까 말이다.

이 과정에서 튀어나오는 전자를 특별히 오제 전자Auger electron라고 부른다. 이 현상을 발견한 프랑스의 물리학자 피에르 오제의 이름에서 따온 것인데, 사실 이 현상을 처음 발견한 사람은 오제가 아니고 독일의 여성 물리학자 리제 마이트너였다. 그녀의 입장에선 억울할 만도 하다. 마이트너는 독일 내 대학에서 여성으로는 처음으로 물리학과 교수가 되었고, 오토 한과 함께 핵분열을 발견한 최초의 과학자로도 인정받고 있다. 하지만 정작 1944년 노벨상에는 오토 한의 이름만 올라갔고, 리제 마이트너의 이름은 빠졌다. 당시는 여러 면에서 여성 과학자에게 불공평한 시대였다.

값싼 드라이클리닝 세제를 이용해 보자

아르곤으로 바뀐 염소 원자를 찾아내면 중성미자를 검출할 수 있다는 폰테코르보의 아이디어는 1948년에 완성되었다. 폰테코르보가 특별히 염소를 사용하려고 한 것에는 또 다른 무시할 수 없는 이유가 있었다. 염소는 할로겐족의 다른 원소에 비해 매우 풍부해서 싼값에 쉽게 구할 수 있었다. 폰테코르보와 그의 동료들은 탄소 원자 하나에 염소 원자가 네 개나 붙어 있는 사염화탄소에 주목했다. 사염화탄소는 상온에서 액체 상태인 데다 소화기의 약제나 드라이클리닝 세제로 사용되고 있어 많은 양을 저렴하게 구할 수 있었다. 게다가 생성된 아르곤은 상온에서 비활성 기체이고 사염화탄소는 액체라 쉽게 분리해 낼 수 있다는 장점도 있었다.

그럼 폰테코르보의 실험은 성공적이었을까? 현재 기준으로 돌이켜보면 폰테코르보의 실험은 실제로는 성공할 수 없는 실험이었다. 원자로에서 나오는 중성미자는 엄밀하게는 '중성미자'가 아니고 '반중성미자'이기 때문이다. 그러니 염소-37이 중성미자와 만나 아르곤-37을 만들어 내는 반응은 애초에 일어날 수가 없었다. 물론 이 사실은 시간이 한참 지나 나중에 알게 된 사실이고, 당시는 중성미자와 반중성미자의 개념이 없던 시절이라 원자로에서 나온 중성미자로도 염소-아르곤 반응이 일어날 수 있다고 생각하는 게 당연할 수밖에 없었다. 실험은 이런저런 이유로 계속 늦춰지다 폰테코르보가 영국으로 건너가면서 결국 중단되었다. 폰테코르보는 소련으로 망명한 후 두브나의 합동원자핵연구소에서 다시 일을 시작했지만 불행히도 그에게 중성미자 탐색 실험의 기회는 주어지지 않았다.

이제 공은 한가한 신임 연구원에게

정작 폰테코르보의 염소-아르곤 변환 실험을 진지하게 수행한 사람은 따로 있었다. 바로 미국의 레이먼드 데이비스가 그 장본인이다. 2차 세계 대전 중에 무기 관련 연구를 했던 레이먼드 데이비스는 전쟁이 끝나자 잠시 민간 연구소에서 일하다 1948년 미국 동부에 위치한 브룩헤이븐 연구소의 연구원으로 취직한다. 연구소에 도착한 데이비스는 주제를 정하지 못한 채 어떤 연구를 할까 고민을 거듭하다가 어느 날 조언을 구하러 연구소장을 찾았다. 연구소장의 조언은 데이비스에게 그리 큰 도움이 되지 못했다. 데이비스가 들은 말은 도서관에 가서 열심히 공부하면서 관심 있는 주제를 찾아보라는 것이었다. 어찌 보면 바쁜 연구소장이 할 만한 판에 박힌 조언이었지만, 그의 이 말은 훗날 노벨상을 만들어 낸 역사적인 조언이었다.

자유롭게 연구하던 데이비스의 눈에 꽂힌 것은 바로 1946년에 폰테코르보가 발표한 염소-아르곤 반응에 관한 논문이었다. 논문을 읽은 데이비스는 왠지 실험이 쉽게 느껴졌다. 데이비스는 화학과 방사선 물리를 전공했다. 아르곤을 화학적으로 분리해 내고, 아르곤에서 나오는 방사선을 검출해 내는 일이 그에게는 매우 간단해 보였다.

마침 브룩헤이븐 연구소에는 소형 원자로도 있어서 실험에 필요한 모든 조건이 완벽해 보였다. 데이비스는 조그만 탱크를 만들어 원자로 옆에 설치했다. 그리고는 3800리터의 드라이클리닝 세제를 구입해 탱크를 채웠다. 실험의 모든 과정은 순조로웠다. 데이비스에게 남은 일은 중성미자와 반응해 생성된 아르곤의 개수만 세면 되는 걸로 보였다.

데이비스가 기대했던 결과는 간단했다. 원자로를 켜면 아르곤이 생성되다가, 원자로를 끄면 아르곤이 나타나지 않는 것이었다. 원자로를 켰다 껐다를 반복하면서 아르곤이 나왔는지 안 나왔는지만 관찰하면 됐다. 그러면 중성미자가 염소-37과 반응을 했는지 안 했는지를 알 수 있고, 이는 곧 중성미자의 존재를 확인하는 것이라 주장할 수 있었다.

기대에 부풀었던 데이비스에게 주어진 결과는 실망스러웠다. 아르곤이 검출되기는 했지만 기대했던 것만큼 충분히 생성되지 않았고, 또 원자로를 켜던 끄던 아르곤의 생성량에는 큰 차이가 없었다.

금방 실험을 끝낼 수 있을 거라고 생각했던 데이비스는 결국 실험을 처음부터 다시 설계해야 했다. 1954년에 마흔 살의 나이였던 그는 아마도 자신이 노인이 될 때까지 평생 이 실험만 하게 될 줄 당시에는 꿈에도 몰랐을 것이다.

원자탄을 터트려라

세상에는 생각지도 못한 일이 우연히 일어날 때가 있다. 특허 출원을 경험해 본 사람들이라면 누구나 고개를 끄덕거릴 텐데, 나만의 것이라고 생각했던 아이디어라도 지구촌 어딘가에서 누군가 같은 생각을 하고 있을 확률이 꽤 높다. 과학사에 등장하는 주요 발견들을 살펴보더라도 지구 반대편에 있던 과학자가 하루 이틀 차이로 거의 같은 내용의 논문을 제출하는 경우를 심심치 않게 찾을 수 있다.

중성미자를 검출하고자 했던 데이비스에게도 경쟁자가 있었다. 놀랍게도 데이비스의 경쟁자는 데이비스와 같은 시기, 같은 장소에서 실험을 하고 있었다. 그들은 바로 프레더릭 라이네스와 클라이드 코완이었다. 라이네스와 코완 역시 데이비스의 실험을 알지 못했다. 그들은 그렇게 같은 시간에 같은 장소에서 같은 목적을 가지고 뜻하지 않은 경쟁을 하고 있었다.

원자탄은 중성미자 폭탄

로스앨러모스에서 핵폭발의 영향을 연구를 하고 있던 라이네스 역시 폰테코르보의 연구를 잘 알고 있었다. 당연히 핵폭발 때 중성미자가 많이 발생한다는 사실과 중성미자가 원자와 어떻게 반응하는지도 잘 알고 있었다. 1951년 안식년을 보내고 있던 라이네스는 이것저것 새로운 연구 아이디어를 찾아 도서관을 왔다 갔다 하는 여유로운 생활을 즐기고 있었다. 그러던 그에게 어느날 멋진 연구 주제가 떠올랐다. 원자탄을 터트리면 엄청나게 많은 중성미자가 발생할 것이고, 바로 그때가 중성미자를 발견할 수 있는 최고의 순간이란 생각이 떠올랐던 것이다. 어쩌면 라이네스가 이런 멋진 아이디어를 생각해 낼 수 있었던 것도 데이비스와 마찬가지로 자유로운 시간 덕분이었을지 모른다.

당시는 이미 세상에 두 발의 핵폭탄이 사용된 후였다. 핵폭탄은 우라늄이 연쇄 반응을 통해 거대한 에너지를 순식간에 쏟아내도록 만든 장치다. 핵폭탄이 엄청난 양의 에너지를 짧은 순간에 내놓는다는 것은 곧 엄청난 양의 중성미자를 한꺼번에 쏟아낸다고도 할 수 있다. 라이네스는 핵폭탄을 터트리고 그 옆에 중성미자를 검출하는 장치를 설치해 놓으면 중성미자의 존재를 쉽게 입증할 수 있을 거란 생각에 점점 더 깊이 빠져들었다.

때마침 로스앨러모스 연구소에는 귀한 손님이 한 분 방문했다. '핵폭탄의 창조주'라 불리던 엔리코 페르미였다. 콩닥거리는 가슴을 안고 라이네스는 페르미를 만나 자신의 아이디어를 설명했다.

라이네스의 대담한 계획을 들은 페르미는 이내 좋은 아이디어라고 맞장구를 쳐주었다. 대가의 칭찬을 받은 라이네스는 점점 더 자신의 꿈을 키워갔다.

얼마 후 라이네스는 같은 연구소에서 핵폭탄 실험을 하고 있던 클라이드 코완을 우연히 만났다. 코완은 감마선에 대한 연구로 박사 학위를 받은 실험물리학자로 방사선 검출에 관해서는 최고의 전문가였다. 어느 날 그들은 프린스턴으로 함께 가던 중에 비행기 엔진 고장으로 캔사스시티에 비상 착륙을 하게 되었다. 둘은 시간도 때울 겸 이런저런 이야기를 나누었는데, 물리 실험 이야기가 화제에 올랐다. 라이네스가 이내 핵폭탄을 사용한 중성미자 검출 아이디어를 꺼냈다. 라이네스의 이야기를 들은 코완은 곧바로 "좋은 아이디어네!"라며 맞장구를 쳤고, 그들은 즉석에서 실험을 함께 추진해 보자고 약속했다. 그들의 공동 작업은 이렇게 우연히 시작되었고 그로부터 44년 뒤 라이네스는 노벨상을 받게 된다. 비행기의 불시착이 없었다면 라이네스는 코완을 만날 수 없었을 것이고, 당연히 노벨상도 못 받았을 테니 이런 우연은 영화에라도 나올 법한 일이라 할 수 있겠다.

원자탄이냐 원자로냐, 꿩 대신 닭으로

연구소로 돌아온 라이네스와 코완은 곧바로 중성미자를 검출할 수 있는 액체섬광검출기의 개발에 나섰다. 그리고는 트리니티 실험처럼 높이 30미터의 탑 위에서 2만 톤급 핵폭탄을 터트릴 계획을 세웠다.* 탑에서 조금 떨어진 곳에는 지하에 수직 방향으로 긴 터널을 뚫어 중성미자 검출기를 공중에 대롱대롱 매달아 놓겠다는 아이디어를 냈다. 원자탄이 터지는 순간에 매달아 놓은 검출기를 딱 맞춰 떨어뜨리면, 검출기가 자유낙하해 폭발의 충격을 받지 않게 할 수 있다는 생각이었다. 물론 바닥에는 스펀지 같은 것을 잔뜩 쌓아 놓아 검출기를 안전하게 받아 낼 계획도 포함되어 있었다.

라이네스는 일사천리로 실험 계획서를 만들어 제출했다. 그리고 별다른 어려움 없이 로스앨러모스 연구소장의 실험 승인을 받아 냈다. 원자탄을 터트리는 데 별다른 제약이 없던 시절이라 가능했을 것이다. 승인을 받자마자 라이네스와 코완은 본격적으로 실험에 착수하였다. 커다란 액체섬광검출기를 제작하기 시작했고, 동시에 검출기를 설치할 지하 터널도 파들어 갔다. 하지만 역사적인 사건으로 기록될 뻔한 이 실험은 실제로는 실행에 옮기지 못하게 된다. 더 좋은 아이디어가 중간에 떠올랐기 때문이었다.

실험 준비가 본격적으로 시작되자 동료들의 회의적인 반응이 하나둘씩 나오기 시작했다. 핵폭발의 충격에 검출기가 견딜 수 있겠느냐부터 원자탄에서 나오는 수많은 방사선 입자가 내는 잡음

---

* '트리니티'는 맨해튼 프로젝트의 일환으로, 1945년 7월 16일 미국 뉴멕시코주에서 실행된 인류 최초의 핵폭발 실험이었다. 그로부터 3주 뒤 일본의 히로시마에 원자탄이 떨어졌다.

과 중성미자 신호를 어떻게 구별할 수 있겠느냐까지 다양한 질문들이 쏟아져 나왔다. 그러던 1952년 어느 가을날, 라이네스와 코완은 원자탄 대신 원자로에서 나오는 중성미자를 찾는 것이 어떻겠냐는 조언을 듣게 된다. 사실 원자탄이나 원자로는 둘 다 핵분열 과정이므로 두 곳 모두에서 중성미자가 나온다. 차이점은 원자탄에서는 순식간에 연쇄 반응이 일어나 중성미자가 한꺼번에 쏟아져 나오는 반면 원자로에서는 핵분열이 느리게 일어나 중성미자가 천천히 발생한다는 점뿐이다. 비록 원자로에서 발생하는 중성미자의 양이 원자탄에서 나오는 중성미자의 양에 비해 매우 작은 것은 사실이지만, 따지고 보면 원자로를 이용하면 원자탄 실험과는 비교할 수 없을 만큼 중요한 장점이 있었다.

원자탄 실험의 경우에는 많은 양의 중성미자가 한꺼번에 쏟아져 중성미자 검출 자체에는 유리하지만, 실험 시간이 1~2초에 불과하며, 단 한 번만 실험할 수 있다는 것이 약점이었다. 실험을 위해 핵폭탄을 여러 번 터트린다는 것도 황당하지만, 그때마다 매번 검출기를 회수하러 방사능 오염 지역을 드나든다는 것도 상상하기 힘들었다. 또 다른 문제는 핵폭발 때 생기는 다양한 입자들이 중성미자 신호와 비슷한 잡신호를 많이 발생시킨다는 점이었다. 이런 문제점이 하나둘씩 쌓이면서 원자탄을 터트려 중성미자를 검출해보겠다는 아이디어는 점점 현실성이 사라져 갔다.

반면 원자로에서 나오는 중성미자는 비록 한 번에 나오는 양은 원자탄보다 훨씬 적지만 오랜 시간 반복 관측이 가능해 데이터의

1956년 서배너강 실험실에서 실험을 진행하고 있는 프레더릭 라이네스(왼쪽)와 클라이드 코완.

양은 문제 되지 않았다. 또 잡신호에 맞는 적당한 차폐물을 설치해 원치 않는 잡신호를 미리 줄일 수 있다는 장점도 있었다. 결국 라이네스와 코완은 원자탄 폭발 실험 계획을 접고 방향을 틀어 원자로에서 나오는 중성미자를 찾기로 하면서 그들의 숨 가쁜 한 해를 마무리하였다.

역베타붕괴를 찾아서

그럼 라이네스와 코완은 원자로에서 만들어진 중성미자, 정확히는 반중성미자를 어떻게 찾아낼 수 있었을까? 라이네스와 코완의 아이디어는 매우 독특했다.

먼저 원자로에서 빠져나온 중성미자(엄밀히는 반중성미자)가 물탱크 속으로 들어가는 모습을 상상해 보자. 중성미자는 물질과 거의 반응을 하지 않기 때문에 대부분의 중성미자는 물탱크 속을 그냥 지나갈 것이다. 하지만 물은 수소와 산소로 이루어져 있고, 수소의 핵은 양성자이고 산소의 핵도 양성자를 여럿 가지고 있으니 물에는 양성자가 풍부하게 들어 있다. 그러니 매우 드물지만 중성미자 한 두 개는 물에 있는 양성자와 부딪칠 수 있다.

반중성미자와 양성자가 부딪치면 역베타붕괴 사건이 일어난다. 역베타붕괴란 말 그대로 베타붕괴를 뒤집어 놓은 과정이다. 베타붕괴가 중성자가 양성자로 변하는 과정이라면 역베타붕괴는 양성자가 중성자로 바뀌는 것이다. 반중성미자가 양성자와 충돌하면 양성자가 중성자로 바뀌고 양전자가 하나 생겨난다. 그러니까 찾아야 할 사건은 매우 간단하다. 양전자 한 개와 중성자 한 개가 동시에 발생한 사건을 찾으면 된다. 그러면 중성미자가 양성자와 반응했다는 것을 확인할 수 있다.

그럼 실제로 양전자와 중성자가 동시에 발생했다는 것을 어떻게 찾아낼 수 있었을까? 라이네스와 코완의 검출기 설계 아이디어를 보면 그들의 천재성을 엿볼 수 있다.

우선 양전자는 발생하자마자 주위에 가득 한 원자들 속의 전자와 만나게 된다. 양전자는 전자의 반입자이므로, 전자와 만나면 그 자리에서 바로 '뿅'하고 사라진다. 입자와 반입자가 서로 만나 사라지는 과정을 쌍소멸이라고 한다. 쌍소멸을 했다고 흔적도 없이 사라지는 것은 아니다. 두 입자가 처음에 가지고 있던 질량이 없어지고, 대신 질량-에너지 등가 공식인 $E = mc^2$에 맞춰 그만큼의 에너지가 생긴다. 그리고 그 에너지는 빛으로 나온다. 약간의 계산을 해 본다면 양전자나 전자는 질량이 0.5메가전자볼트 정도이므로, 이 두 입자가 서로 만나 사라지면 같은 크기의 에너지를 갖는 두 줄기의 빛이 발생한다. 결국 질량이 사라지고 그만큼의 에너지가 생성되어 에너지 보존 법칙이 성립하는 것이다.

0.5메가전자볼트의 빛은 엑스선보다 투과력이 센 감마선에 해당한다. 라이네스와 코완은 이 감마선을 잡아내기 위해 섬광과 형광을 발하는 물질을 사용했다. 감마선이 섬광 물질과 부딪쳐 일차적으로 자외선을 만들어 내고, 이 자외선이 형광 물질을 자극해 빛을 내도록 설계했다. 이렇게 감마선이 최종적으로 빛의 형태로 나오고 이 빛을 광증폭 장치를 통해 검출해 냈던 것이다. 따라서 서로 반대 방향에 놓인 두 개의 광센서에서 동시에 빛이 감지되면, 이는 두 개의 감마선이 발생한 것이고, 결론적으로 양전자가 발생했다고 생각할 수 있었다.

다음으로 역베타붕괴 때 함께 발생한 중성자는 어떻게 찾아낼 수 있을까? 중성자는 전기적으로 중성이라 전자기력을 느끼지 못한다. 그래서 중성자는 원자의 전자 구름에는 영향을 받지 않고 원자 속을 뚫고 지나갈 수 있다. 대신 중성자는 주변의 원자핵과 이리 부딪치고 저리 부딪치면서 에너지가 서서히 줄어든다. 술에 취한 사람이 이리저리 비틀거리며 걸어가다 이 사람 저 사람과 부딪치는 모습을 상상해도 좋다. 라이네스와 코완은 이렇게 비틀거리는 중성자를 포획하기 위해 중성자를 잘 흡수하는 카드뮴을 물속에 녹여 넣었다. 카드뮴이 중성자를 흡수하면 카드뮴 핵은 들뜬 상태가 된다. 그리고 들뜬 상태의 카드뮴 핵은 이내 바닥 상태로 돌아가고 이때 감마선 여러 개를 내놓는다. 그리고 이들 감마선은 앞에서와 같이 형광 물질과 부딪쳐 또 광센서에 포착된다.

양전자와 중성자의 발생 현상을 종합해 보면, 아주 특징적인 사건의 모습이 나온다. 우선 서로 반대 방향을 향하는 0.5메가전자볼트의 광자 신호 두 개가 나오고, 중성자가 포획되는 약간의 시간(5~6마이크로초)이 지난 뒤, 여러 개의 광자 신호가 뒤따른다. 따라서 검출기에 장착된 광센서에 '번쩍, 번쩍' 하고 두 개의 광신호가 동시에 잡히고, 잠시 뒤 '번쩍, 번쩍, 번쩍, …' 하면서 여러 개의 광신호가 잡히면 역베타붕괴 사건을 관측한 것이 된다.

1953년 라이네스와 코완은 이와 같은 역베타붕괴 사건의 특징을 잘 잡아낼 수 있는 검출기를 제작한다. 형광 물질과 카드뮴 녹인 물을 가득 채운 검출기는 원통 모양으로, 외벽에 광증배관이 장착되어 감마선에서 나오는 빛의 위치와 시간을 기록하도록 되어 있다. 검출기는 미국 워싱턴주의 핸퍼드 실험실에 설치되었고, 그

3장 모습을 드러낸 중성미자

들은 마침내 역사적인 유령 탐색 프로젝트를 시작하게 된다.

고스트 버스터즈

2016년 2월 11일 미국의 중력파 관측 실험인 라이고^{Laser} Interferometer Gravitational-Wave Observatory, LIGO는 마침내 중력파를 발견했다고 선언했다. 그리고 이듬해인 2017년, 라이고 실험과 중력파 연구에 헌신한 세 명의 물리학자가 노벨물리학상을 받았다. 라이고는 멀리 떨어진 두 개의 간섭계에 발생하는 같은 모양의 동시 신호를 찾는 장치다. 간섭계 하나는 미 동부 루이지애나주 리빙스턴에 설치되어 있고, 다른 하나는 미국의 서쪽 끝 워싱턴주 핸퍼드에 위치해 있다.

핸퍼드는 여러모로 귀에 익숙한 곳이다. 우선 맨해튼 프로젝트의 핵무기 개발 장소로 유명하다. 일본 나가사키에 떨어진 최초의 플루토늄 핵폭탄, '뚱보^{FatMan}'가 만들어진 곳이 핸퍼드다. 그리고 라이네스와 코완의 중성미자 탐색 실험인 '폴터가이스트 프로젝트'의 첫 번째 실험 장소 역시 핸퍼드였다.

유령입자 탐험대
핸퍼드는 세계 최초의 고출력 플루토늄 원자로가 설치되었던 곳이다. 라이네스와 코완은 그곳을 중성미자 탐색의 최적의 장

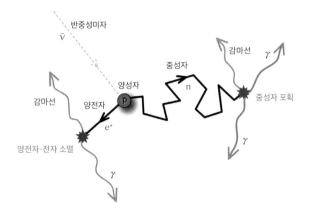

반중성미자
$\bar{\nu}$

감마선
γ

중성자
n

양성자
p

양전자
e^+

감마선

양전자-전자 소멸

γ

중성자 포획

γ

중성미자가 양성자와 충돌하면 역베타붕괴를 통해 중성자와 양전자가 발생한다. 양전자는 전자와 만나 사라지면서 두 개의 광자(감마선)를 내놓는다(왼쪽). 그리고 잠시 후 중성자가 카드뮴 핵에 포획되면서 여러 갈래의 감마선을 내놓는다(오른쪽).

소로 생각했다. 많은 양의 중성미자를 얻을 수 있는 곳이니 당연했다. 한편 라이네스와 코완이 만든 액체섬광검출기는 현대의 중성미자 관측 시설에 비하면 그 규모가 매우 작다. 2015년에 노벨상을 받은 슈퍼-카미오칸데 실험에 사용된 검출기는 웬만한 고층 건물보다 크다. 슈퍼-카미오칸데의 검출기는 거대한 원통형 물탱크처럼 생겼는데, 높이가 40미터, 직경이 40미터나 된다. 그리고 그 안에는 자그마치 5만 톤의 물이 들어가 있다. 인간이 만든 역사상 가장 큰 물탱크다. 라이네스와 코완이 만든 최초의 중성미자 검출기도 원통형으로 생겼다. 한 사람이 몸을 구부리고 들어가면 넉넉히 들어갈 정도의 크기다. 슈퍼-카미오칸데의 검출기와 비교하면 보잘것없어 보이지만 그래도 당시에는 초대형 실험으로 여겨졌다.

라이네스-코완의 검출기는 정말 잘 작동했다. 중성자와 감마선을 검출하는 효율이 거의 100퍼센트에 달했다. 심지어는 사람의 몸에서 나오는 아주 미약한 방사선까지 검출해 낼 수 있었다.[*]

라이네스와 코완이 제작한 중성미자 검출기는 핸퍼드에 1953년 봄에 도착했다. 그리고 데이터 수집에 필요한 각종 전자 장치가 연결되어 곧바로 중성미자를 찾기 위한 실험 준비가 완료되었다. 라이네스와 코완은 자신들의 중성미자 포획 실험을 '프로젝트 폴터가이스트 Project Poltergeist', 즉 유령 프로젝트라고 불렀다. 그럼 라이네스와 코완은 유령 탐색 프로젝트에서 유령입자를 과연 잡아냈을까?

핸퍼드 원자로에서 당시 최고 출력의 중성미자를 얻을 수 있었던 것은 사실이다. 하지만 그들의 중성미자 사냥은 그다지 성공적이지 못했다. 원자로를 켜거나 끄거나에 관계없이 검출된 중성미자 신호 숫자는 큰 차이가 없었다. 데이비스의 실험과 같은 신세였다. 사실 이들 중성미자 신호는 모두 잡음에 묻혀 있었다. 신호에 비해 잡음이 너무 많았던 것이다. 그중 가장 큰 잡음은 하늘에

---

[*] 원자번호 19인 포타슘-40은 포타슘의 동위원소로 전체 포타슘의 0.01% 정도가 존재한다. 반감기가 매우 긴 방사성 원소로, 베타붕괴와 역베타붕괴를 통해 각각 원자번호 20인 칼슘-40과 원자번호 18인 아르곤-40으로 변하면서 전자와 양전자, 감마선을 만들어 낸다. 인체에 포타슘이 들어 있으니 당연히 포타슘-40도 들어 있다. 인간도 미약하지만 그 자체로 방사선을 내는 존재다.

라이네스(맨 오른쪽)와 코완(맨 왼쪽)은 중성미자 검출을 위한 자신들의 실험을 '프로젝트 폴터가이스트'라고 불렀다. 1953년 봄에 새롭게 만든 검출기 앞에서 팀원들과 찍은 사진이다. 가운데 명패에 'Project Poltergeist'가 선명하다.

서 끊임없이 떨어지는 우주선이 만들어 내는 신호였다.

우주선은 지금 이 순간에도 쉴 새 없이 우리 머리 위로 떨어져 몸을 관통하고 지나간다. 이들의 대부분은 뮤온인데, 손바닥을 하늘에 대고 쭉 펴면 1초에 1개 정도 꼴로 뮤온이 손바닥을 뚫고 지나간다고 보면 된다. 손바닥을 뚫고 지나간다고 통증이 있거나 하지는 않다. 왜냐하면 뮤온은 우리 몸이 느끼지 못할 정도의 미약한 반응만 하고 지나가기 때문이다.

라이네스와 코완이 핸퍼드 실험에서 검출할 것이라고 예상했던 중성미자 신호의 개수는 1시간에 약 10개였다. 그런데 우주선이

3장 모습을 드러낸 중성미자

만들어 낸 가짜 신호는 그보다 10배나 많았다. 그렇다고 실험이 완전히 실패한 것도 아니었다. 라이네스와 코완은 원자로가 켜졌다 꺼졌다 할 때마다 전체 신호의 수가 늘어났다 줄었다가 하는 것까지는 관찰할 수 있었다. 하지만 신호의 변동만 가지고 중성미자를 발견했다고 선언할 수는 없었다. 몇 달간 쉴 틈 없이 실험에 몰두했던 라이네스와 코완은 체력이 바닥나기 시작했다. 결국 그들은 실험실을 정리하고 로스앨러모스 연구소로 돌아갈 수밖에 없었다.

이렇게 1954년까지 라이네스와 코완, 그리고 멀리 브룩헤이븐 연구소의 데이비스까지 중성미자 검출에 성공한 사람은 없었다. 유령입자는 여전히 인간의 눈을 피해 그 위세를 떨치고 있었다.

마침내 유령을 찾아내다

핸퍼드에서 어정쩡한 결과를 얻고 돌아온 라이네스와 코완은 한층 정밀한 실험을 추진한다. 우선 중성미자의 신호를 확실하게, 그리고 더 깨끗하게 볼 수 있도록 검출기의 설계를 완전히 바꿨다. 새로운 검출기는 광자를 검출할 수 있는 액체 섬광 물질을 채운 3개의 체임버로 구성되었다. 그리고 체임버와 체임버 사이에는 중성자를 흡수할 카드뮴이 녹아 있는 물로 채워진 물탱크를 배치했다.

중성미자 신호의 특징은 '양전자-전자의 소멸에 따른 두 개의 감마선, 그리고 중성자가 포획되면서 나오는 여러 개의 감마선 발생'이다. 따라서 이런 사건이 중성미자 반응용 물탱크 안에서 발생하면, 감마선은 이웃한 두 개의 체임버에 광자 신호를 발생시킨다. 반면, 우주선이 만들어 낸 가짜 신호는 그런 상관관계가 없어 무작위로 신호를 만들어 내므로 중성미자 신호와 쉽게 구별할 수 있었다.

새로운 검출기는 핸퍼드에 설치되지 않았다. 왜냐하면 훨씬 더 큰 출력을 내는 중수로가 사우스캐롤라이나주의 서배너강 실험실Savannah River Site, SRS에 건설되었기 때문이다. 라이네스와 코완은 1955년 가을 서배너강 실험실에 자신들의 새로운 검출기를 가져왔다. 이번에는 우주선의 영향을 줄이기 위해 검출기를 땅속 깊숙이 설치했다.

그들은 그곳 실험실에서 수개월을 보냈다. 원자로를 켜고 900시간이란 긴 시간을 관찰하고, 다음에는 원자로를 끄고 한참동안 관찰하기를 반복했다. 라이네스와 코완은 확실히 원자로를 켤 때 중성미자 신호가 더 많이 발생한다는 것을 확인했다. 원자로에서 나오는 중성미자를 마침내 잡아낸 것이었다.

1956년 6월 14일, 라이네스와 코완은 드디어 중성미자의 존재를 발표했다. 하지만 이 소식은 논문이나 기자 회견을 통해 알려지지 않았다. 바로 중성미자의 존재를 처음으로 예견했던 파울리에게 전보로 보내졌다.

파울리는 당시 새로 만들어진 유럽의 핵물리연구소인 CERN을 방문하던 중이었다. 그래서 전보는 파울리가 있던 연구소에서 CERN으로 전달되었고, 회의에 참석하고 있던 파울리는 즉석에서

3장 모습을 드러낸 중성미자

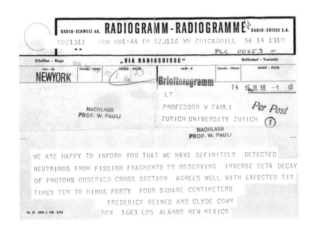

라이네스와 코완은 중성미자 발견 소식을 파울리에게 가장 먼저 알렸다(위). 역베타붕괴를 관측하는데 성공하여 중성미자를 발견했고, 이론적으로 예견한 산란단면적과 실험 결과가 잘 맞다고 알리고 있다. 파울리는 전보를 받고 다음과 같이 답장을 보냈다(아래). "기다릴 줄 아는 사람에게는 모든 것이 찾아 옵니다."

그 내용을 참석자들에게 읽어 주었다고 한다. "양성자의 역베타붕괴를 관찰하여 핵분열에서 나오는 중성미자를 확실히 검출했음을 당신에게 알려 주게 되어 행복합니다." CERN에서는 박수와 환호성이 터져 나왔다. 그리고 그날 저녁 파울리와 동료들은 한 궤짝의 포도주를 비웠다는 전설이 내려오고 있다.

파울리가 중성미자의 존재를 예견한 것이 1930년이고, 실제로 중성미자의 존재가 확인된 것이 1956년이었으니 이 유령입자를 찾는 데 사반세기의 세월이 걸린 셈이다. 라이네스는 한 우물을 판 학자였다. 그는 중성미자를 발견한 이후에도, 어바인 캘리포니아 주립대와 미시간 대학, 브룩헤이븐 연구소의 앞글자를 딴 IMB 실험을 추진하는 등 40년이 넘게 줄곧 중성미자 실험에만 매달렸다. 그리고 마침내 중성미자를 발견한 공로로 1995년 노벨물리학상을 받았다. 불행히도 그의 단짝 동료였고, 라이네스와 동등한 역할을 했던 코완은 노벨상 수상자 명단에 오르지 못했다. 코완은 1974년에 54세란 이른 나이에 타계하였고, 사후에는 노벨상을 수여하지 않는다는 노벨의 유언에 따라 수상자에서 제외되었다. 노벨상을 타려면 우선 훌륭한 업적을 만들어야 하지만 그에 못지않게 오래 사는 것도 중요하다고 할 수 있다.

2부

감쪽같이 사라졌다

이탈리아를 종단하는 아펜니노산맥의 중앙에 그랑사소가 있다. '커다란 바위'라는 뜻의 이 높은 산에는 이탈리아의 서쪽과 동쪽을 연결하는 긴 터널이 뚫려 있다. A24번 도로를 연결하는 이 터널 아래에는 거대한 규모의 지하 실험실이 있다. 중성미자 연구는 바로 이런 땅속 깊은 곳에서 이뤄지고 있다.

4장

중성미자는
태양에서도 나온다

별에도 동물처럼 생의 주기가 있다.
태어나고, 자라고, 성장을 거듭하다, 결국에는 죽는다.
그리고 다른 별이 태어날 수 있도록 자신의 몸을 자연에 돌려준다.

— 한스 베테(1906~2005)

1968년 코넬 대학의 윌슨 싱크로트론에서 자전거를 타고 있는 한스 베테(왼쪽).

2057년, 태양이 서서히 꺼져 가면서 지구가 얼어붙기 시작한다. 과학자들은 멈춰가는 태양의 핵융합 반응을 활성화하기 위해, 우주선 이카루스호에 엄청난 폭발력의 거대한 핵무기를 싣고 태양을 향해 떠난다.

이 황당한 이야기는 영화 〈선샤인〉의 줄거리다. 물리학 지식이 어느 정도 있는 사람이라면 아무리 크다 해도 핵폭탄 몇 발로 태양에 다시 불을 붙인다는 설정에 웃음을 지었을 만도 하다. 게다가 2057년이라는 가까운 미래에 태양이 꺼진다는 것은 과학적으로 불가능하다는 것이 이미 알려져 있다. 태양이 꺼지기 몇만 년 전에 우리는 진작에 그 징후를 알아챌 수 있기 때문이다. 물론 태양의 온도가 조금이라도 내려가면 지구에는 빙하기가 올 수 있다. 영화 〈선샤인〉은 그걸 막으려는 것이었다.

실제로 태양이 꺼져 있는 것은 아닐까 하고 의문을 품었던 과학자들이 있었다. 믿기 힘들겠지만 태양 중심부에서 핵융합에 의해 생겨난 빛이 태양 표면까지 올라오는 데는 수십만 년이 걸린다. 태양 내부의 물질 밀도가 워낙 높아 빛이 이리 부딪히고 저리 부딪히느라 바깥으로 빠르게 빠져나오지 못하기 때문이다. 이런 식이라면 지금 당장 태양 내부의 핵융합이 멈추더라도 수십만 년이 지나서야 태양이 꺼진 것을 알 수 있게 된다. 즉, 태양이 꺼진 뒤에도 인류는 수십만 년 더 생존할 수 있다는 말이다. 그렇다고 안심할 수 있다는 건 아니다. 거꾸로 생각해 보면 지금 태양이 뜨겁게 빛난다고 해서, 태양 속 핵융합이 잘 진행되고 있는지는 알 수 없기 때문이다. 이미 10만 년 전에 태양이 꺼져 버렸다면 영화 〈선샤인〉 같은 일도 충분히 가능할 수 있으니까 말이다.

하지만 이런 걱정은 더 이상 하지 않아도 된다. 우리는 이제 태양 내부도 들여다볼 수 있기 때문이다. 바로 중성미자를 이용해 태양 내부에 핵융합 반응이 일어나고 있는지 관측할 수 있게 된 것이다. 만약 핵융합이 멈춘다면 중성미자가 더는 지구로 날아오지 않을 것이고, 그러면 우리는 8분 만에 태양이 멈췄다는 것을 알 수 있다. 물론 그러고도 수십만 년은 더 태양이 빛날 테니 당장 죽을 걱정을 할 필요는 없다. 어쨌든 단언컨대 영화 〈선샤인〉처럼 2057년에 태양이 꺼지는 일은 절대 일어나지 않는다.

태양의 엄청난 에너지

태양이 내는 에너지는 실로 어마어마한데 이를 계산하는 것은 사실 매우 간단하다. 양자역학이나 핵물리학에 대한 지식이 없어도 충분히 가능하다. 다만 계산을 위해서 지구 표면에 도착하는 태양 에너지가 어느 정도인지는 알고 있어야 한다. 이는 실험을 통해 측정할 수 있는데, 그 값을 태양 상수라고 한다. 태양 상수는 1초에 지구 표면 1제곱미터에 도달하는 태양 에너지의 양을 말한다. 지구의 여러 지역에서 조사된 태양 상수의 값은 대략 1400와트 정도다. 이는 지표면 1제곱미터마다 가정용 전열기 한 대씩을 켜 놓은 거라고 할 수 있다.

지구에서 태양까지 거리가 약 1억 5000만 킬로미터이니, 이를 반지름으로 한 구를 한번 떠올려 보자. 이 구의 표면적을 계산해 보면 2.8×10^{23} 제곱미터라는 실로 어마어마한 넓이가 나온다. 1 다음에 0이 20개가 나오는 것이 1해^{垓}니까(= 280,000,000,000,000,000,000,000), 이 구의 표면은 2800해 제곱미터나 된다. 미국의 국토 면적이 대략 10조 제곱미터 정도이니, 대략 미국의 280억 배의 면적이고, 우리나라 면적이 대략 1000억 제곱미터이니, 우리나라 땅의 2.8조 배나 되는 엄청나게 거대한 넓이다. 이 면적에 태양 상수를 곱해 보면 대략 4×10^{26} 와트라는 파워가 나온다. 바로 이 양이 태양에서 1초에 발생하는 에너지의 총량이다. 태양에서 발생한 에너지가 중간에 어디로 사라지지 않는다면 말이다. 핵폭탄의 에너지가 대략 100조 줄(J) 정도이므로, 이는 초당 4조 개의 핵폭탄을 동시에 터트릴 때 발생하는 에너지에 해당한다. 상상하기 힘들 정도로 큰 에너지인데, 태양에서는 도대체 이 엄청난 양의 에너지가 어떻게 나오는 걸까?

태양은 어떻게 빛을 내는가

태양이 어떻게 끊임없이 에너지를 낼 수 있는지 인간이 이해하게 된 것은 채 백 년도 되지 않는다. 19세기까지만 해도 인류가 알고 있던 모든 에너지는 중력과 전자기력에 기반을 두고 있었다. 수력은 중력을 이용한 대표적인 에너지원이고, 발전기에서 나오는 전기는 모두 전자기력에서 나온다. 연료를 태워 불을 내는 화학 에너지도 결국 원자들끼리 전자를 주고받으며 결합하거나 분리되면서 발생하는 에너지이니 전자기력에 의한 에너지라고 할 수 있다. 당시 사람들은 태양도 당연히 연료를 태워 빛을 낸다고 생각했다. 물론 진짜로 그렇다면 정말로 큰 문제가 된다는 것도 잘 알고 있었다.

예를 들어 일상 생활에 쓰이는 천연가스나 프로판가스, 휘발유 등의 화석 연료 1킬로그램을 태우면 대략 5000만 줄 정도의 에너지를 얻을 수 있다. 태양의 질량이 2×10^{30}킬로그램 정도이니, 태양이 만약 휘발유로 전부 채워져 있다면 이를 모두 태워 1×10^{38}줄의 에너지를 얻을 수 있다. 그런데 앞에서 계산해 본 바에 따르면 태양이 초당 4×10^{26}줄을 내놓고 있으니, 태양이 낼 수 있는 총 에너지를 이로 나누면 태양은 총 2.5×10^{11}초 동안 탈 수 있다는 계산이 나온다. 이를 년 단위로 바꾸면 대략 8000년에 해당한다. 즉 태양이 빛을 낼 수 있는 시간이 8000년밖에 안 된다는 얘기다. 물론 화학 에너지에 근거한 이 계산을 근거로 태양의 나이가 8000년 밖에 되지 않는다는 것을 믿는 사람은 없었다. 그러니 19세기까지는 태양이 어떻게 빛을 내는지 그 자체가 미스터리일 수밖에 없었다.*

사실 19세기까지 정설로 받아들여지던 태양 에너지의 원천은 중력에 의한 퍼텐셜 에너지였다. 무한대만큼 떨어져 있는 질량 조각들이 뭉쳐 태양을 만들어 내면서 축적된 중력 퍼텐셜을 열로 환산해 얻은 값인데, 이를 바탕으로 계산해 보면 태양의 나이는 수천만 년 정도로 나온다. 그렇다 하더라도 수천만 년 역시 태양의 나이라고 하기에는 너무나도 짧았다.

태양 에너지의 미스터리가 풀리기 시작한 것은 방사선이 발견되면서부터다. 라듐이 발견되자 사람들은 라듐이 스스로 에너지를 내는 것을 매우 신기하게 여겼다. 그러면서 땅속의 지열을 만드는 것이 방사성 원소가 아닐까 하는 생각을 갖기 시작했다. 러더퍼드는 흙 속에 묻혀있는 방사성 원소들을 조사하여 이를 바탕으로 지구의 나이를 계산해 보았다. 그가 얻은 값은 약 7억 년에 가까운 값이었는데, 이는 상당히 당혹스러운 결과였다. 왜냐하면 당시 학계 최고의 권위자였던 켈빈이 추정한 태양의 나이가 2500만 년 정도였기 때문이었다. 태양은 2500만 년밖에 안 되었는데 지구의 나이가 7억 년이라고 주장했으니 둘 중 하나는 확실히 틀린 것이라 할 수 있었다.**

---

* 진짜 미스터리는 아직까지 이 계산을 믿는 신봉자들이 많다는 사실이다.
** 1904년 러더퍼드가 이 결과를 발표할 때 발표장에는 켈빈 경이 청중 속에 있었다고 한다. 젊은 러더퍼드는 켈빈 경의 눈치를 살피며 발표를 시작했는데 다행히 켈빈 경이 졸고 있었다. 그러나 마지막 지구의 나이를 말할 때 켈빈 경이 눈을 번쩍 떴다고 한다.

어찌 되었든 그때부터 과학자들은 라듐과 같은 방사성 원소가 태양의 에너지원이 아닐까 하는 생각을 갖기 시작하였다. 방사성 원소의 붕괴 과정을 보면, 미약하지만 반응 전후의 원소들 사이에 질량 차이가 생긴다. 그리고 이 작은 질량 차이가 상대성이론에서 말하는 $E = mc^2$에 따라 큰 에너지를 낼 수 있다는 것이 알려졌다. 그러면서 방사성 원소가 유력한 태양의 에너지원으로 떠오르게 되었다. 게다가 태양에는 헬륨이 풍부하게 존재한다는 사실이 밝혀졌다. 헬륨의 존재는 곧 알파붕괴를 하는 방사성 물질이 태양에 많이 존재할 수 있다는 생각을 갖게 했다. 그러나 태양 빛의 스펙트럼을 분석해 본 결과는 많이 실망스러웠다. 태양에는 라듐과 같은 방사성 원소가 없다는 것이 밝혀졌고, 태양의 방사성 원소 가설은 곧 사장되고 말았다.

별이 빛나는 이유

처음으로 태양 에너지의 근원을 제대로 찾아낸 사람은 아서 에딩턴이라 할 수 있다. 에딩턴은 헬륨 원자의 질량이 수소 원자 4개의 질량 합보다 근소하게 작다는 사실을 알고 있었다. 20세기 초 프랜시스 애스턴이 질량분석기를 만들어 원소의 질량을 정밀하게 측정할 수 있었기 때문이었다. 그래서 그는 수소 원자 4개가 헬륨 원자 1개로 변하면서 그때 발생하는 질량 차이가 $E = mc^2$의 공식에 따라 큰 에너지를 낸다고 주장했다. 하지만 에딩턴의 아이디어에는 치명적인 약점이 있었다. 수소가 헬륨으로 변환되는 과정을 그 어느 누구도 실험실에서 관찰한 적이 없었기 때문이었다.

이를 설명하기 위해서는 수소의 핵인 양성자 두 개가 서로 달라붙는 경우를 생각해 보아야 한다. 양성자는 양의 전기를 띠고 있어, 두 입자가 가까이 다가가면 서로 밀쳐내는 힘이 커진다. 운 좋게 서로 접촉했다 하더라도 전자기력에 의한 쿨롱 반발력이 한없이 커져 금세 떨어지게 된다. 따라서 두 입자가 달라붙어 있으려면 이 쿨롱 반발력보다 훨씬 강한 접착력이 있어야 한다.

비유를 들어 설명한다면, 양의 전기로 대전된 두 개의 탁구공에 각각 강력 본드를 잔뜩 발라 놓았다고 해보자. 두 탁구공이 전기적으로 서로 밀치기는 하나 일단 운 좋게 달라붙기만 하면 강력 접착제에 의해 딱 붙어 떨어지지 않게 될 것이다. 이런 접착제와 같은 강한 힘이 바로 '강한 핵력'이고, 지금은 이 힘을 강력strong force이라고 부른다.

문제는 쿨롱 반발력이 너무 강해 두 개의 양성자가 서로 접근조차 하기 힘들다는 데 있다. 그래서 두 양성자를 달라붙게 하기 위해서는 쿨롱 반발력을 이길 수 있는 엄청난 운동 에너지가 필요하다. 일반적인 상황에서는 양성자가 이런 고에너지를 얻기 힘들기 때문에 수소끼리 서로 부딪쳐 헬륨으로 변환되는 일은 결코 일어나지 않는다.

에딩턴이 이 아이디어를 주장했던 1920년대 초에는 양자역학이 세상에 나오기 전이었다. 양자역학에 따르면 아무리 밀쳐내는 퍼텐셜 장벽이 높더라도 이 장벽을 뛰어넘는 입자가 확률적으로 항상 존재한다. 양자역학에서는 이를 터널 효과$^{tunneling\ effect}$라 부르는데, 이 효과로 두 개의 양성자는 때때로 쿨롱 반발력을 이기고 서로 달라붙을 수 있다. 어찌 되었건 에딩턴의 아이디어는 매우 신선하고 본질을 꿰뚫는 제안이었다. 그러나 양자역학이 태어나기 전이라 그런 반응이 구체적으로 어떻게 일어나는지는 에딩턴 자신도 모를 수밖에 없었다.

태양의 작동 원리를 실질적으로 밝힌 사람은 한스 베테였다. 한스 베테는 젊은 시절 독일에서 활동하다 최고 전성기에 미국으로 이주한 천재 이론물리학자였다. 젊은 베테의 이십 대는 양자역학이 만들어지던 시대였다. 또한 중성자의 발견과 함께 본격적으로 핵의 구조를 알아내기 시작한 때이기도 했다. 아르놀트 조머펠트와 엔리코 페르미의 지도를 받은 베테는 서른 살도 되기 전에 이미 핵물리학 분야에서 손꼽히는 대가가 되어 있었고, 1935년 미국으로 건너가 코넬 대학의 교수가 되었다.

한스 베테가 처음부터 태양의 작동 원리에 관심을 가졌던 것은 아니었다. 그가 이 문제에 관심을 갖게 된 것은 1938년 워싱턴 DC에서 열린 이론물리 학회에 참석하게 된 것이 계기가 되었다. 그해 학회의 주제는 별이 어떻게 에너지를 만들어 내는가였고, 이 문제가 한스 베테를 완전히 사로잡았다. 베테의 핵물리학 지식은 곧 빛나기 시작했고, 얼마 지나지 않아 그는 양성자-양성자 연쇄 반응

proton-proton chain reaction, p-p cycle과 CNO 순환 반응Carbon-Nitrogen-Oxygen cycle의 원리를 담은 논문을 발표했다. 그간 쌓아온 핵물리학 지식을 보란 듯이 활용해 태양의 작동 원리를 밝혀낸 것이다. 그리고 30년 후 한스 베테는 이 업적으로 노벨물리학상을 수상한다.

핵융합으로 헬륨을 만들다

사실 베테가 이 문제에 뛰어들기 전에도 조지 가모브를 비롯하여 여러 물리학자들이 이 문제를 연구하고 있었다. 당시 과학자들은 수소와 수소가 만나서 중수소가 되는 핵반응에 주목하고 있었다. 핵반응하면 거창하게 들릴 수 있으나, 화학 반응과 별반 큰 차이는 없다. 다른 점이 있다면 원자 또는 분자들 간의 반응이 아니고, 핵들 사이의 반응이란 점뿐이다.

태양에서 벌어지는 수소 핵융합을 이해하기 위해서는 수소의 동위원소에 대해 알고 있어야 한다. 수소의 동위원소는 대표적으로 중수소와 삼중수소가 있다. 물론 삼중수소를 넘어 사중수소, 오중수소, 혹은 그 이상의 수소도 있지만, 그런 핵은 매우 불안정해 바로 붕괴하여 사라져 버린다.

중수소의 핵인 중양성자는 양성자 1개와 중성자 1개가 결합해 만들어진다. 그러니 양성자와 양성자가 충돌해 중수소의 핵이 되려면 양성자 둘 중 하나는 중성자로 바뀌어야 한다. 그럼 양성자는 중성자로 어떻게 바뀔 수 있을까?

중성자가 양성자로 바뀌면서 전자와 반중성미자를 내놓는 반

원소명	원소기호	핵의 구성	핵의 이름과 기호
수소 (Hydrogen)	$^1_1\mathrm{H}(\mathrm{H})$	양성자 1개 중성자 0개	양성자 (proton, p)
중수소 (Deuterium)	$^2_1\mathrm{H}(\mathrm{D})$	양성자 1개 중성자 1개	중양성자 (deutron, d)
삼중수소 (Tritium)	$^3_1\mathrm{H}(\mathrm{T})$	양성자 1개 중성자 2개	삼중양성자 (triton, t)

응이 베타붕괴였다. 이를 반응식으로 쓰면,

$$n \rightarrow p + e^- + \bar{\nu}_e$$

이다. 이 식에서 전자는 좌우 양변의 전하의 합이 0이 되도록 해주고, 중성미자는 에너지 보존을 맞춰주는 역할을 한다.

양성자가 중성자로 바뀌는 과정은 베타붕괴의 반대 반응에 해당한다. 이를 역베타붕괴라 부른다. 그러면 역베타붕괴의 반응식은 어떻게 생겼을까? 핵반응식이라고 특별한 것은 없다. 그냥 수학 시간에 배운 대로 등호를 중심으로 항을 이동시키고 부호를 바꿔 주면 된다. 즉 양성자와 중성자의 위치를 바꾸고 양변에 부호를 바꿔 주면 끝이다. 식으로 표현하면,

$$p \rightarrow n + e^+ + \nu_e$$

이 된다. 다른 점이 있다면 수학에선 이항을 하면 부호가 바뀌지만, 핵반응에서는 입자가 반입자가 되고, 반입자는 입자로 바뀐다.

따라서 양성자와 양성자가 충돌해 역베타붕괴 과정을 거쳐 중수소가 되는 식을 써보면,

$$p + p \rightarrow p + n + e^+ + \nu_e$$
$$\rightarrow \quad d \quad + e^+ + \nu_e$$

이 된다. 즉 양성자 2개가 충돌해 중수소 1개를 만들고 양전자 1개와 중성미자 1개가 생긴다.

자, 이제 남은 일은 중수소와 중수소가 만나 헬륨을 만드는 일이다. 안타깝게도 태양에서 이런 반응은 일어나기 힘들다. 실제로 중수소와 중수소가 만나면 헬륨-3과 중성자를 만들거나 또는 삼중수소와 양성자를 만드는 경우가 반반이고, 헬륨-4를 직접 만들어 내는 일은 백만 번에 한 번 정도 일어날까 말까 한다. 게다가 중수소는 다른 중수소와 부딪치는 것보다 주위에 훨씬 더 많이 존재하는 양성자와 부딪치는 반응이 더 자주 일어난다. 그래서 실제 태양에서는 중수소와 양성자가 만나 헬륨-3을 만드는 반응이 빈번하게 일어나 헬륨-3이 풍부하게 만들어진다.

일단 헬륨-3이 충분히 많이 만들어져 있다면, 이제 그들끼리 부딪쳐 우리가 알고 있는 헬륨이 만들어진다. 물론 이 과정에서 양성자 두 개가 튀어나온다. 이 두 개의 양성자는 다음 핵융합 반

응의 재료로 재활용된다. 지금까지의 이야기를 정리하면 다음과 같다. 바로 양성자-양성자 연쇄 반응을 설명하는 그림이다.

앞에서 살펴본 양성자-양성자 반응에서 시작 물질과 최종 물질만 뽑아 적어 보면, 네 개의 양성자가 들어가서 헬륨 한 개와 양전자 두 개 그리고 중성미자 두 개가 나오는 반응이 된다. 에딩턴이 주장했던 아이디어의 구체적인 반응식을 얻은 것이다. 주목할 점은 이 수소 핵융합 반응이 끝나면 양성자 네 개의 질량과 헬륨

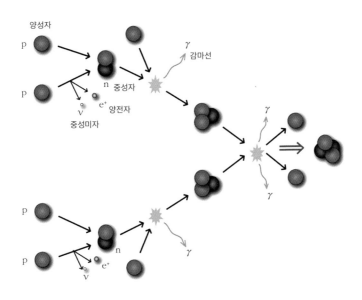

태양에서 일어나는 양성자-양성자 연쇄 반응이다. 수소 원자의 핵인 양성자 4개가 핵융합 반응을 거듭하여 최종적으로 양성자 2개와 중성자 2개가 결합된 헬륨 원자핵을 만든다. 이 과정에서 양성자 4개의 질량과 헬륨 원자핵의 질량 차에 해당하는 에너지가 나온다.

질량의 차이에 해당하는 26.7메가전자볼트의 에너지가 쏟아져 나온다는 사실이다.

물론 꼭 앞에서 설명한 반응에 의해서만 헬륨이 생기는 것은 아니다. 베테는 헬륨을 만드는 다른 조합도 찾아냈는데, 이들 모두 소개하는 것은 부담스럽기도 하거니와 다른 책이나 교재에 잘 나와 있어 여기서는 건너뛰기로 한다. 그래도 관심 있을 독자를 위해 하나 정도만 예를 들어 보면, 헬륨-3이 헬륨-4와 충돌해 베릴륨을 만들고, 이 베릴륨이 역베타붕괴를 통해 리튬으로 바뀐 뒤, 리튬이 다른 양성자와 충돌해 두 개의 헬륨을 만드는 과정을 들 수 있다. 여기서는 다양한 채널을 통해 수소가 헬륨으로 바뀔 수 있다는 정도만 알아둬도 충분하다.

화학에서 제일 유명한 일화 하나를 꼽으라면 아마도 벤젠의 분자 구조에 얽힌 아우구스트 케쿨레의 꿈 이야기일 것이다. 케쿨레는 탄소 6개와 수소 6개로 구성된 벤젠의 분자 구조를 알아내기 위해 끙끙대고 있었다. 어느 날 케쿨레가 마차에서 깜박 잠이 들었는데 뱀이 자기 꼬리를 물고 있는 꿈을 꾸었다고 한다. 케쿨레가 이 꿈에서 힌트를 얻어 찾아낸 구조가 바로 벤젠의 육각형 고리다. 케쿨레의 이야기만큼 유명하지는 않지만 한스 베테의 육각형도 흥미로운 전설 중 하나다.

1938년 워싱턴 학회가 끝나자 베테는 코넬 대학으로 돌아가기 위해 기차에 올랐다. 기차 안에서도 그의 머릿속은 별에서 일어나는 핵반응에 대한 생각으로 가득 차 있었다. 베테는 집으로 돌아가는 기차 안에서 양성자-양성자 연쇄 반응 말고도 전혀 새로운 방식으로 수소가 헬륨으로 변할 수 있다는 아이디어를 떠올렸다고 한다. 바로 'CNO 사이클'이라 불리는 탄소-질소-산소 순환 반응을 찾아낸 것이다. 이 순환 고리도 벤젠 고리처럼 육각형으로 생겼는데 CNO 순환 반응을 그림으로 나타내면 다음과 같다. 케쿨레는 마차에서, 베테는 기차에서 과학사에 길이 남을 발견을 했던 것이다.

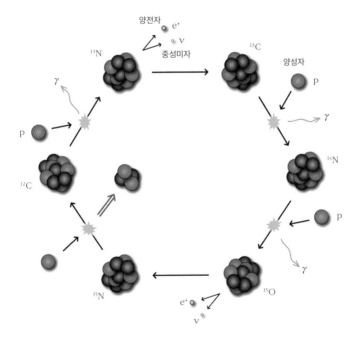

태양에서 일어나는 핵융합 반응의 하나인 CNO 순환 반응이다. 한스 베테가 학회를 마치고 집으로 돌아가는 기차에서 떠올렸다는 전설이 따라다니는 바로 그 육각 고리 순환 반응이다.

CNO 순환 반응은 탄소가 양성자를 받아 질소로 바뀌고, 질소가 다시 양성자를 받아 산소로 바뀌는 등의 과정을 거치면서, 최종적으로 양성자 네 개를 받아 헬륨 한 개를 내놓고 탄소로 다시 돌아가는 반응이다. 결론적으로는 탄소-질소-산소가 화학 반응의 촉매와 같은 역할을 하면서 수소를 헬륨으로 변화시키는 반응이라 할 수 있다.

신기한 것은 CNO 순환에 있어 반응 전후에 들어가는 입자와 나오는 입자만 따지면, 양성자-양성자 연쇄 반응과 똑같이 네 개의 수소가 들어가 한 개의 헬륨이 생성된다는 것이다. 따라서 반응식은 $4p \rightarrow He + 2e^+ + 2\nu_e + \gamma$으로 양성자-양성자 연쇄 반응 때와 완전히 같다. 당연히 발생하는 에너지도 26.7메가전자볼트로 똑같다.

지구로 날아오는 수많은 태양 중성미자

지금까지 알아본 바와 같이 별에서 일어나는 핵융합 반응에서는 양성자-양성자 연쇄 반응을 통하든 CNO 순환 반응을 거치든 모두 수소 4개가 결합해 헬륨 1개가 생성된다. 태양의 경우에는 주로 양성자-양성자 연쇄반응에 의해 에너지가 만들어진다. CNO 순환 반응은 탄소를 필요로 하기 때문에 일반적으로 태양보다 무거운 별에서 가능하다. 그렇다고 태양에서 CNO 순환 반응이 전혀 일어나지 않는 것은 아니다. 어쨌든 중요한 것은 어떤 반응을 통하든 태양에서는 헬륨이 생성될 때마다 양전자 2개와 중성미자 2개가 생성되면서 26.7메가전자볼트의 에너지가 발생한다는 점이다.

우리는 이 간단한 사실로부터 아주 재미있는 결론을 끌어낼 수 있다. 우선 태양에서 얼마나 많은 핵반응이 일어나는지 알 수 있다. 앞에서 계산한 바와 같이 태양에서 발생하는 총 에너지는 초당 4×10^{26}줄이다. 한편 양성자-양성자 연쇄 반응 한 번에 방출되는 에너지인 26.7메가전자볼트를 줄 단위로 바꾸면 4.3×10^{-12}줄이다. 눈치 빠른 독자라면 금방 알겠지만, 이 두 숫자를 비교하면 1초에 양성자-양성자 연쇄 반응이 몇 번이나 일어나는지 알 수 있다. 대략 10^{38}번 정도다. 1 다음에 0이 38개나 오는 매우 큰 수다.

초당 4×10^{26}줄의 에너지를 10^{38}번의 핵반응을 통해 얻는다는 것은, 태양 입장에서는 $E = mc^2$ 공식에 따라 초당 4백만 톤이 넘는 질량이 사라진다는 것을 의미한다. 얼핏 보기에 이렇게 큰 질량을 매초 잃어 나가면 지구에 미치는 만유인력도 줄어 들지 않을까 걱정이 될 수도 있다. 그러나 4백만 톤이라는 양은 태양의 질량 2×10^{30}킬로그램에 비하면 새 발의 피도 되지 않고, 이 정도 질량 손실로는 50억 년이 지나도 태양 질량의 0.035퍼센트 정도밖에는 줄어들지 않는다.

긴 여정을 통해 우리는 이제 태양에서 얼마나 많은 중성미자가 나오는지 답할 수 있다. 답은 간단하다. 양성자-양성자 연쇄 반응 한 번에 중성미자 2개가 생기므로 1초에 대략 2×10^{38}개의 중성미자가 발생한다.

그럼 이 중 몇 개의 중성미자가 우리 머리 위로 쏟아질까? 이 또한 앞서 계산한 태양과 지구 사이의 거리를 반지름으로 하는 거대한 구의 면적을 알면 바로 구할 수 있다.

그 면적이 2.8×10^{23}제곱미터였으니까, 초당 발생하는 중성미자의 수를 이 면적으로 나누면 초당 단위 면적마다 들어오는 중성미자의 수를 얻을 수 있다. 이를 계산해 보면 초당 단위면적에 대략 7×10^{14}개가 된다. 즉 매초 1제곱미터에 700조 개의 중성미자가 지표면에 쏟아지고 있는 것이다. 물리학에서는 단위시간당 단위면적을 통과하는 양을 플럭스^{flux}라고 부른다. 이를 엄지 손톱 크기인 1제곱센티미터로 바꾸면 초당 700억 개가 된다. 실로 어마어마한 숫자고 믿기 힘든 이야기이지만, 엄연한 과학적 사실이다.

4장 중성미자는 태양에서도 나온다

5장

그 많던 중성미자는
어디로 갔을까

우리는 실패할 때마다,
"대자연에게 감사한다"고 말할 수 있다. 왜냐하면 그때 우리는
뭔가 중요한 것을 배우고 있기 때문이다.

- 존 바칼(1934~2005)

레이먼드 데이비스가 태양 중성미자 검출을 위해 홈스테이크 지하 광산에 설치한 액체 탱크.
직경이 20피트(6.1미터), 길이가 48피트(14.6미터)로 10만 갤런(약 38만 리터)의 액체를 담을 수 있다.

집념의 사나이

1955년 라이네스와 코완이 서배너강 실험실에서 실험을 하고 있을 때 염소-아르곤 반응을 찾던 데이비스는 무엇을 하고 있었을까? 아이러니하게도 데이비스 역시 서배너강 실험실에 있었다.

데이비스의 첫 중성미자 실험은 브룩헤이븐 연구소에 설치된 실험용 원자로^{Brookhaven Graphite Research Reactor}를 사용해 1954년에 시작되었다. 1951년 데이비스가 염소-아르곤 실험에 첫발을 뗀 지 3년 만이었다. 1951년은 라이네스가 원자탄 실험을 막 꿈꾸던 때였으니 두 사람은 거의 같은 시기에 중성미자 탐색에 나선 것이었다.

계속되는 실패

데이비스는 첫 실험에서 쉽게 염소-아르곤 반응을 찾아낼 수 있을 거라 믿었다. 우습게 봤다가 큰 코 다친다고, 쉽게만 생각했던 데이비스의 첫 번째 실험은 실패로 끝나고 말았다. 기대했던 만큼의 아르곤 동위원소가 생성되지 않았던 것이다. 데이비스는 브룩헤이븐 원자로의 출력을 못마땅하게 생각했다. 실험 방법에서 오류를 찾을 수 없었던 데이비스는 더 큰 출력의 원자로를 찾아 나섰다. 원자로의 출력이 크면 클수록 그만큼 더 많은 중성미자가 발생할 테니 중성미자 탐색에 그만큼 더 유리할 것이라고 생각했다.

라이네스와 코완처럼 데이비스 역시 서배너강 실험실을 최적의 실험실로 꼽았다. 데이비스는 브룩헤이븐 실험에 사용했던 것과 똑같은 염소-아르곤 반응 검출 장치를 서배너강 실험실에도 설치하고 두 번째 실험에 착수했다. 데이비스의 두 번째 실험 결과는 어땠을까? 불행히도 결과는 첫 번째와 마찬가지로 기대 이하였다. 원자로 출력의 크고 작음에 상관없이 데이비스의 검출기는 원자로에서 방출하는 중성미자(정확히는 반중성미자)와 반응하지 않았던 것이다.

보통의 과학자라면 이쯤 되면 실험 방법에 문제가 있다고 생각했을 것이다. 원자로의 출력을 높여도 반응이 일어나지 않으니, 염소-아르곤 방법을 포기하고 다른 원소로 중성미자 반응을 찾을 만도 한데, 데이비스는 달랐다. 이번에는 실험 장치의 크기가 작지 않았나 의심했다. 결국 데이비스는 더 큰 실험 장치를 만들기로 결심하고 실행에 옮겼다. 그리고 얼마 지나지 않아 첫 번째 실험 장치보다 3배나 큰 3000갤런(약 1만 1400리터) 규모의 탱크를 만들어 냈다. 그럼 데이비스의 세 번째 실험 결과는 어땠을까? 안타깝게도 데이비스의 검출기는 여전히 원자로에서 나오는 중성미자와 반응하지 않았다. 그렇다고 아르곤이 전혀 생성되지 않았던 것은 아니었다. 다만 기대했던 양에 미치지 못했을 뿐이었다.

그렇다면 태양 중성미자를 찾아 보자

데이비스의 검출기가 원자로의 중성미자에 반응하지 않았던 이유는 오늘날의 지식으로 보면 너무나도 자명하다. 원자로에서 일어나는 반응은 핵분열에 이어 일어나는 베타붕괴다. 베타붕괴는 중성자가 양성자로 바뀌면서 전자와 반중성미자를 내는 반응이고, 따라서 원자로에서 나오는 중성미자는 엄밀히는 '반중성미자'다. 한편 염소-아르곤 변환 반응은 염소 원자가 '중성미자'와 부딪쳐야 아르곤 원자를 만들어 낼 수 있다. 그러니 원자로에서 나오는 반중성미자는 출력이 얼마가 되든 상관없이 염소-아르곤 반응을 만들어 내지 못했던 것이다.

그런데 여기서 잠깐! 태양에서는 다양한 핵융합 반응이 일어나고, 그 과정에서 엄청난 양의 중성미자가 나온다고 하지 않았던가? 그렇다면 데이비스의 검출기는 태양에서 날아오는 수많은 중성미자와 반응하여 아르곤을 만들어 내야 하는 것 아닐까? 당연히 데이비스도 자신의 검출기가 태양 중성미자에 반응한다는 것을 알고 있었다. 하지만 문제는 중성미자의 에너지였다. 태양에서 나오는 중성미자는 염소-아르곤 변환 반응을 일으킬 정도로 충분히 에너지가 크지 않았다. 그런데 실제로는 데이비스가 원하는 양만큼 아르곤 원자가 나오지는 않았지만 그래도 꾸준히 소량의 아르곤이 생성되고 있었다. 뭔가 이상했다.

양성자-양성자 연쇄 반응의 마지막 단계는 2개의 헬륨-3이 충돌해 헬륨-4 1개를 만들고 양성자 2개가 튀어나오는 반응이다. 만약 태양이 수십억 년 동안 이 양성자-양성자 연쇄 반응을 수행해 왔다면, 태양 내부에 엄청나게 많은 양의 헬륨-4가 있을 것이었다. 따라서 헬륨-3이 다른 헬륨-3을 만나기도 하겠지만, 헬륨-4와 만날 확률도 작지 않을 것이었다. 이렇게 되면 헬륨-3이 헬륨-4와 충돌해 베릴륨이란 새로운 원소를 만들어 낼 수 있다. 그리고 이렇게 만들어진 베릴륨은 태양 속에 풍부하게 존재하는 양성자와 부딪쳐 붕소를 만들어 낸다. 이때 나온 붕소는 양전하의 베타붕괴를 거치면서 통상적인 베릴륨으로 돌아가고 그때 중성미자를 내놓는다.

사실 태양 내부에서 이런 식의 베릴륨 생성 과정이 많이 일어나는 것은 아니다. 전체 태양 에너지의 0.1퍼센트 정도만 이 과정에서 얻어지는데, 눈여겨봐야 할 것은 이때 나오는 중성미자의 에너지가 최대 14메가전자볼트에 이를 정도로 크다는 점이다. 그리고 이렇게 큰 에너지를 가진 중성미자는 그 에너지가 염소-아르곤 변환 반응을 일으키기에 충분하므로, 데이비스의 실험 장치에서 아르곤을 생성해 낼 것이라고 보았다.

태양에서 염소-아르곤 반응을 일으킬 수 있는 강력한 중성미자가 나온다는 사실은 서배너강 실험실에서 실험을 하고 있던 데이비스에게는 아주 기쁜 소식이었다. 뭔가 새로운 희망이 보이는 듯했다. 하지만 그전에 데이비스의 검출기에는 해결해야 할 문제가하나 있었다. 그건 여전히 많이 나오는 잡음이었다. 하늘에서 떨어지는 우주선에 의한 잡음을 줄이는 것이 최우선 해결 과제로 떠올랐다. 데이비스는 당장 잡음의 주범인 우주선을 막을 수 있는 공간을 찾아야 했다. 바로 깊은 땅속이었다.

태양을 가장 잘 아는 물리학자

실험물리학자인 레이먼드 데이비스에게는 평생의 동반자였던 이론물리학자 친구 존 바칼이 있었다. 바칼은 유대인으로 어린 시절에는 랍비가 될 생각이었다고 한다. 대학에서 철학을 전공하던 그는 졸업 논문을 준비하면서 물리학에 빠져들게 되었고 결국 물리학으로 전공을 바꾸었다. 이후 물리학자의 삶을 살게 된 그는 금세 두각을 나타냈고, 베타붕괴 연구에 몰두하기 시작했다. 특히 태양에서 일어나는 베타붕괴에 관심이 많았는데, 그의 연구는 태양에서 나오는 중성미자의 성질을 잘 예측해 주었다.

전자 포획이라 알려진 과정은 역베타붕괴 과정으로도 볼 수 있다. 이는 앞에서 설명한 바와 같이 원자 속 전자가 핵에 빨려 들어가는 과정을 말한다. 전자가 핵 속에 빨려 들어가 양성자를 만나면, 양성자가 중성자로 바뀌면서 중성미자를 내놓는다. 베타

1964년 홈스테이크 광산의 지하실험실에서 중성미자 검출기를 살펴보고 있는 레이 데이비스(왼쪽)와 존 바칼.

붕괴의 반대다. 사실 전자 포획은 그리 쉽게 일어나는 현상은 아니다. 핵에 의한 전자 포획이 빈번하게 일어나는 일이라면, 우리가 알고 있는 원자는 모두 다 사라지고 말 것이다. 그래서 붕소가 전자를 포획해 베릴륨이 되면서 중성미자를 내놓는 반응은 쉽게 일어나지 않을 거라 예상되었다. 하지만 바칼은 이 계산을 태양에 적용하는 것에는 문제가 있다고 생각했다. 태양과 같이 뜨겁고 밀도가 높은 곳에서는 전자들이 궤도 운동을 하지 않고 플라스마 상태로 존재하므로, 다른 식으로 계산을 해야 한다고 지적했다. 바칼이 새로 계산한 바에 따르면 태양에서는 전자 포획이 훨씬 더 잘 일어날 수 있다는 것이었다. 달리 말하면 고에너지 중성미자가 생각했던 것보다 더 많이 나올 수 있다는 말이었다.

이런 중요한 계산이 알려지자 데이비스는 바칼과 편지를 주고받으며 교류하기 시작했다. 바칼의 새로운 계산이 데이비스에게 활력을 불어넣을 수 있을 것 같았다. 하지만 막상 바칼이 내놓은 결과는 매우 부정적이었다. 계산에 따르면 데이비스의 4000리터짜리 검출기는 100일간 실험해야 겨우 태양 중성미자 1개를 검출한다는 것이었다. 데이비스 검출기의 무용론이 나올 만했다. 4000리터를 100배로 늘려 40만 리터짜리 초대형 검출기를 만든다 해도 하루에 중성미자 1개를 검출할 것이니, 우주선 잡음까지 고려하면 가망이 없는 실험이었다. 40만 리터라면 웬만한 수영장 하나 정도의 규모다. 이쯤 되면 태양 중성미자를 검출해 보겠다는 데이비스의 꿈은 물 건너간 것처럼 보였다.

지하 광산에 꾸린 실험실

데이비스는 좌절을 모르는 사람이었다. 그는 수영장만 한 검출기를 만들기로 마음먹었다. 검출기를 크게 만드는 것은 돈이 좀 많이 들어갈 뿐 그다지 어려운 일은 아니다. 문제는 우주선에 의해 발생하는 잡음을 제거하기 위해 땅속 깊은 곳에 검출기를 설치해야 한다는 점이었다. 우주선으로부터 자유로워지는데 필요한 깊이는 지하 1킬로미터가 넘었다. 말이 1킬로미터지 사실 1킬로미터나 땅을 파들어 간다는 것은 사실상 불가능했다. 실험을 좀 한다는 사람들 사이에선 데이비스의 실험에 부정적인 의견을 내는 사람들이 많았다.

데이비스는 그런 의견에 아랑곳 않고 지하 실험실을 꾸밀 계획을 구체화하기 시작했다. 이런저런 생각을 하던 데이비스에게 굳이 맨땅 1킬로미터를 팔 게 아니라 그 정도 깊이로 파놓은 땅이 이미 존재한다는 생각이 스쳐 갔다. 바로 탄광이었다. 석탄을 캐려면 보통 수백 미터 정도는 파고 들어가기 때문에, 운만 좋으면 1킬로미터까지 파내려간 탄광도 있을 수 있었다. 당시는 인터넷이 없던 1960년대라 데이비스는 탄광에 대한 정보를 일일이 찾고 직접 방문해 조건을 확인하는 수밖에 없었다. 결국 지하 1킬로미터가 넘는 탄광 몇 곳을 찾아냈다.

문제는 돈이었다. 거대한 지하 실험실을 꾸리기 위해서는 엄청난 양의 콘크리트가 들어가야 하는 데다, 40만 리터 용량의 탱크를 제작하는 데도 적지 않은 돈이 필요했다. 실험실을 만든다고 성공을 장담할 수 없는 프로젝트라 선뜻 연구비를 대주는 곳이 나타날 것 같지도 않았다. 데이비스는 다시 연구소 소장을 만나러 갔다. 당시 브룩헤이븐 연구소의 소장은 모리스 골드하버로, 그는 뛰어난 핵물리학자였다. 데이비스와 바칼의 설명을 들은 골드하버는 곧장 연구비를 지원하겠다고 약속했다.

때마침 지하 실험실을 꾸리기에 적합한 후보지도 나타났다. 그곳은 사우스다코타주에 위치한 홈스테이크 금광이었다. 홈스테이크 금광은 땅속 1500미터까지 들어가 있었고, 그 안에 검출기를 설치할 정도로 충분히 큰 공간도 있었다. 홈스테이크 금광의 경영

홈스테이크 광산의 지하 실험실에 거대한 액체 탱크를 설치하고 있다.

진은 데이비스가 하는 실험이 어떤 것인지는 몰랐지만, 태양 에너지의 신비를 밝힐 수 있다는 이야기와 데이비스의 지칠 줄 모르는 열정에 큰 감명을 받았다. 금광의 경영진은 지하 공간 사용을 너그러이 허락했고 또 실비만 받고 지하 공간에 콘크리트 벽을 설치해 실험실을 만들어 주었다. 1965년, 마침내 검출기가 들어갈 거대한 지하 실험실 공간이 마련되었다.

지하 실험실이 확보됐다고 일이 끝난 것은 아니었다. 40만 리터짜리 거대한 물탱크를 만드는 일이 아직 남아 있었다. 물론 이 정도 규모의 탱크를 만드는 것이 기술적으로 어려운 일은 아니었다.

5장 그 많던 중성미자는 어디로 갔을까

다만 큰 이익도 남지 않는 탱크 제작에 매달릴 회사가 있겠느냐는 것이 문제였다. 데이비스는 이때도 운이 따랐다. NASA의 우주선을 제작했던 회사가 기꺼이 나서 준 것이었다.

마침내 완성된 탱크에 엄청난 양의 드라이클리닝 액이 부어졌고, 모든 실험 준비가 끝났다. 이때가 1966년으로 폰테코르보가 염소-아르곤 방법을 처음 제시한 날로부터 20년이나 지난 후였고, 또 레이먼드 데이비스가 처음으로 4000리터짜리 검출기로 브룩헤이븐 연구소에서 실험을 시작한 지 12년이나 더 지난 시점이었다. 당시 52세였던 데이비스는 다시 청춘으로 돌아가 새로 실험을 시작하는 것처럼 기뻤다. 하지만 데이비스는 자신이 이 실험을 그 후로도 30년 동안이나 지겹게 계속하게 될 것이란 것은 모르고 있었다.

이론과 실험이 다를 때, 우리는 문제라고 부른다

바칼은 바칼 나름대로 계속해서 태양에서 만들어지는 중성미자의 수와 에너지 분포에 대해 연구하고 있었다. 당시 바칼의 계산에 따르면 지구에 도달하는 태양 중성미자의 수는 1초에 제곱센티미터당 660억 개나 되었다. 이는 앞에서 어림잡아 계산했던 단위 제곱센티미터에 초당 700억 개의 중성미자가 들어온다는 중성미자의 플럭스 값과 잘 맞는다. 하지만 이렇게 중성미자의 플럭스가 크다고 해도 실제 염소의 원자핵과 부딪쳐 아르곤을 생산할 수 있는 중성미자는 얼마 되지 않았다. 극히 일부인 약 50만 개의 중성미자만이 아르곤을 생성할 정도로 충분한 에너지를 가지고 있었고, 나머지는 에너지가 너무 작아 반응을 일으킬 수가 없는 상태였다.

결국 중요한 것은 얼마나 많은 중성미자가 태양에서 생기느냐는 게 아니었다. 실험에 진짜 중요한 것은 얼마나 많은 중성미자가 검출기에 신호를 남길 수 있느냐였다. 그래서 바칼은 태양에서 붕소가 만들어질 때 나오는 고에너지 중성미자만 계산에 넣기로 했다. 그렇게 계산을 해보면 염소의 원자핵 하나가 중성미자와 부딪힐 확률은 매우 매우 작았다. 태양에서 오는 중성미자가 우연히 염소의 원자핵 하나에 부딪치려면 3×10^{28}년을 기다려야 했다. 우주의 나이가 140억 년(1.4×10^{10}년)인 것에 비하면 이는 상상조차 하기 어려운 긴 시간이다. 달리 말하면 특정 염소의 원자핵 하나에 중성미자가 부딪칠 사건을 기다리고 있는 것은 무모한 일이란 이야기다.

이 값을 반응 확률로 나타내면 초당 10^{-36}사건이라는 매우 작은 숫자가 나온다. 이런 숫자를 매번 사용하는 것은 불편하고 번거롭다. 전문가가 아니라면 자세한 계산이나 복잡한 단위에는 관심이 없을 것이고, 그냥 '하루에 반응이 몇 번 생기나' 정도만 알아도 될 것이었다. 그래서 바칼은 1초에 10^{-36}번 사건이 일어나는 것을 1 SNU라 불렀다. SNU는 태양 중성미자 단위Solar Neutrino Unit의 줄임말이다.

어쨌든 한 개의 염소 원자핵이 중성미자와 부딪칠 확률은 매우 작지만, 거대한 탱크에 들어 있는 엄청난 수의 염소 원자라면 반응 수는 중성미자를 검출할 정도에는 도달했다고 할 수 있었다.

40만 리터에는 자그마치 2×10^{30}개의 염소-37이 들어 있고, 따라서 이를 반응 확률과 곱해 보면 초당 2×10^{-6}가 된다. 하루가 8만 6400초이므로 이는 0.17회/일, 즉 하루에 0.17개 정도의 반응을 기대할 수 있다는 이야기다. 매우 답답하지만 일주일에 1.2회 반응이 일어나는 것이니, 한 달을 기다리면 5번 반응을 얻을 수 있다는 말이다.

위의 계산은 1 SNU를 가정했을 때 얻을 수 있는 반응의 수이고, 실제 다양한 반응에 의해 발생하는 중성미자를 모두 포함시켜 계산해 얻은 값은 7.5 SNU였다. 이 정도면 대단히 희망적인 숫자라고 생각됐다. 하루에 1번 이상 반응이 일어난다는 것이니 바칼의 이와 같은 계산에 데이비스는 신이 날 수밖에 없었다. 검출기를 1년만 작동시키면 400개 이상의 아르곤 원자를 생성시킬 수 있기 때문이었다.

데이비스는 검출기를 켜놓고 2년을 기다렸다. 2년의 세월이면 대략 1000번의 염소-아르곤 반응을 기대할 수 있었다. 1968년 데이비스는 그의 실험 결과를 발표했다. 데이비스가 측정한 값은 3 SNU였다. 바칼이 계산한 7.5 SNU의 절반도 되지 않았다. 결코 무시할 수 없는 큰 차이였다.

이론값과 실험값의 커다란 차이. 물리학자들은 이를 '문제 Problem'라 부른다. 태양 중성미자 문제Solar Neutrino Problem는 바로 이렇게 시작되었다.

태양 중성미자의 수수께끼

이론값과 실험값이 다르자 사람들은 수군대기 시작했다. 이론이 잘못되었을 것이다, 아니다 실험이 잘못되었을 것이다를 놓고 갑론을박이 펼쳐졌다. 사실 따지고 보면 데이비스의 결과는 그 자체로 매우 큰 의미가 있었다. 3 SNU라는 측정값은 태양에서 중성미자가 나온다는 것을 확인 시켜 준 사실상 최초의 실험 결과다. 라이네스와 코완의 실험이 핵발전소에서 나오는 중성미자, 정확히는 반중성미자의 존재를 확인한 실험이라면, 데이비스의 실험은 최초로 태양에서 나오는 진짜 중성미자를 확인한 것이다. 이것만으로도 노벨상을 받기에는 충분하다. 하지만 이런 큰 의미에도 불구하고 데이비스의 실험 결과를 심각하게 받아들이는 사람은 많지 않았다. 그도 그럴 것이 당시에 태양 중성미자를 측정할 수 있는 곳은 데이비스의 실험실이 유일했고, 이 숫자를 검증해 줄 다른 실험이 아예 존재하지 않았기 때문이었다.

데이비스의 검출기는 지하 1킬로미터가 넘는 깊은 곳에 설치돼 있었지만, 그래도 우주선 몇 개 정도는 땅속 깊은 곳까지 뚫고 들어가 데이비스의 검출기에 신호를 남기기도 했다. 우주선에 의한 잡음은 많지 않았지만 그래도 일주일에 두 개나 나왔다. 일주일에 태양 중성미자의 신호가 서너 개에 불과한데 잡음이 두 개 정도니까, 아무리 좋게 봐도 깨끗하게 태양 중성미자만 골라 세는 실험이라고 하기는 힘들었다.

데이비스에게 남겨진 큰 고민은 '우주선에 의한 잡음을 어떻게 하면 조금이라도 더 줄이느냐'였다. 여기서도 데이비스에게는 큰 행운이 따랐다. 캘리포니아 공과대학(칼텍)에서 일하던 동료가 아주 재미있는 사실을 알려 주었다. 우주선이 만들어 내는 전기 신호를 오실로스코프로 관찰해 보면 독특한 시그널 형태가 나타난다는 것이었다. 데이비스는 곧장 우주선 잡음을 선별하는 전자 회로를 검출기 신호 처리 시스템에 추가했다. 이렇게 업그레이드된 신호 처리 장치를 장착한 검출기는 1970년에 완성이 되었고, 데이비스는 이 검출기로 실험을 계속해 나갔다. 이 새로운 검출기에 나타나는 우주선 잡음은 한 달에 한 개밖에 되지 않았다. 태양 중성미자에 제대로 반응하는 진짜 검출기가 탄생하는 순간이었다.

그 동안 바칼도 자신의 표준태양모형을 끊임없이 손질하고 있었다. 첫 결과가 발표되고 10년이 지나자, 데이비스는 그때까지 모은 데이터를 정리해 새로운 결과를 발표했다. 그의 측정값은 2.2 SNU로 바칼의 계산값에서 오히려 더 멀어졌다. 바칼도 그의 계산을 갈고 닦았지만 그의 값은 7.5 SNU 그대로였다. 이론과 실험 둘 다 업그레이드된 것은 맞지만, 태양 중성미자의 수수께끼는 전혀 풀리지 않았고 오히려 그 차이가 더욱 크게 벌어지고 있었다.

1968년 데이비스가 처음 실험 결과를 발표한 때로부터 20년이 지난 1988년에 이르기까지 이론과 실험의 차이는 계속되었다. 그도 그럴 것이 이 20년 동안 태양 중성미자의 개수를 측정하는 실험은 오로지 데이비스의 것뿐이었고, 태양 중성미자의 개수를 예측하는 이론값 역시 바칼의 것뿐이었으니, 두 사람의 결과가 안 맞으면 그것으로 끝이었다.

이렇게 하나의 물리량에 대해 이론값과 실험값이 다를 때는 누구나 쉽게 한 가지 결론에 도달한다. 즉 둘 중 하나는 틀렸다는 것이다. 이론값이야 다른 이론물리학자들이 나서서 검증해 보면 되겠지만, 데이비스의 실험값을 검증하기 위해서는 새로운 실험이 필요했다. 새로운 실험은 새로운 아이디어만을 뜻하는 것이 아니었다. 새로운 실험을 수행할 사람도 있어야 하고, 새로운 검출기를 만들 돈도 필요했다.

새로운 실험이 필요하다

데이비스의 실험값을 검증하기 위해서는 데이비스의 실험과 독립적인 새로운 실험이 필요했다. 먼저 생각할 수 있는 실험은 염소-아르곤 반응이 아닌 다른 반응을 사용하는 것이었다. 그중 눈에 띄는 방법은 갈륨을 이용하는 실험이었다. 갈륨 역시 염소-아르곤 반응과 비슷하게 중성미자와 반응하기 때문에 중성미자 검출에 사용할 수 있었다. 원자번호 31번인 갈륨은 갈륨-69와 갈륨-71의 두 가지 동위원소 형태로 존재하는데, 이중 갈륨-71이 중성미자를 만나면, 중성자 하나가 양성자로 바뀌어 원자번호 32인 저마늄-71을 만든다. 저마늄-71은 방사성 동위원소로 11.43일의 반감기로 붕괴하여 갈륨으로 돌아가므로, 염소-아르곤 반응에서 아르곤의 역할을 할 수 있었다.

갈륨 실험이 주목을 받은 이유는 염소가 0.8메가전자볼트 이상의 중성미자에만 반응하는 데 반해, 갈륨은 그보다 훨씬 작은 0.2메가전자볼트 이상의 에너지를 갖는 중성미자와도 반응을 한다는 점 때문이었다. 갈륨을 사용하면 태양에서 가장 빈번하게 일어나는 양성자-양성자 연쇄 반응에서 나오는 중성미자를 검출할 수 있어 염소-아르곤 실험보다 훨씬 많은 양의 SNU를 기대할 수 있었다. 하지만 갈륨을 사용하는 실험이 쉬운 것은 아니었다. 갈륨은 매우 비싼 데다 생산량도 적어 구하기 쉽지 않은 물질이었다. 그렇다고 해도 태양 중성미자 문제를 풀기 위해서는 낮은 에너지의 중성미자와 반응하는 갈륨을 이용한 실험이 꼭 필요한 상황이었다.

바칼의 계산에 따르면, 염소를 사용한 실험에서 7~8 SNU 정도의 중성미자 신호가 나올 것이라고 예상된다면, 갈륨-저마늄 실험에서는 130 SNU가 넘는 신호를 기대할 수 있었다. 갈륨 실험이야말로 태양 중성미자의 수수께끼를 풀기 위해 꼭 필요한 실험이라고 생각한 데이비스와 바칼은 갈륨을 이용한 중성미자 검출 실험을 브룩헤이븐 연구소에 제안하였다. 하지만 실험에 필요한 돈을 마련하는 것은 불가능해 보였다. 실험을 위한 돈 문제는 차치하더라도 갈륨의 수급 자체가 더 큰 문제였다. 중성미자 실험에 필요한 갈륨의 양은 일 년 동안 지구 전체가 생산하는 갈륨 양의 세 배나 되었다. 삼 년 동안 전 세계에서 생산되는 갈륨을 데이비스 혼자서

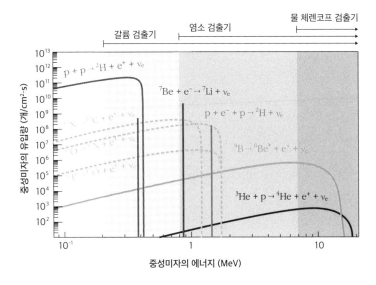

염소 검출기

갈륨 검출기

$$p + p \rightarrow {}^2H + e^+ + \nu_e$$

$${}^7Be + e^- \rightarrow {}^7Li + \nu_e$$

$$p + e^- + p \rightarrow {}^2H + \nu_e$$

$${}^8B \rightarrow {}^8Be^* + e^+ + \nu_e$$

$${}^3He + p \rightarrow {}^4He + e^+ + \nu_e$$

중성미자의 유입량 (개/cm²·s)

중성미자의 에너지 (MeV)

이 그래프는 태양에서 발생하는 각종 중성미자를 반응별로 나타낸 것이다. 가로축에는 중성미자의
에너지가, 세로축에는 중성미자의 유입량이 로그 스케일로 표시되어 있다. 가장 왼쪽의 붉은색 선은
양성자-양성자 융합 반응에 의해 생성되는 중성미자다. 갈륨 원자는 0.2 MeV 이상의 중성미자와 반
응하여 저마늄을 만들어 내므로, 갈륨 검출기는 양성자-양성자 융합 반응에서 나오는 중성미자를
찾아낼 수 있다. 반면 염소 검출기는 0.8 MeV 이상의 중성미자와 반응하므로, 태양에서 발생하는
중성미자의 극히 일부만 찾아낼 수 있다. 염소를 이용한 홈스테이크 실험이 태양 중성미자를 검출할
수 없었던 이유다.

사용해야 실험을 시작할 수 있다는 말이었다. 결국 데이비스와 바
칼은 갈륨 실험의 꿈을 접을 수밖에 없었다.

죽었던 갈륨 실험이 다시 살아난 것은 이탈리아에서였다. 그랑
사소Gran Sasso d'Italia는 이탈리아 중부의 아펜니노산맥에서 가장 높
은 산으로 '큰 바위'라는 뜻이다. 우리나라로 치면 태백산맥의 태

백산쯤이라고 할 수 있다. 이 산은 높이가 2900미터로 그 중심부를 24번 고속도로가 동서로 관통하고 있다. 그랑사소 터널은 1984년에 개통했는데, 이 터널 속에 물리학자들에게는 더없이 중요한 지하 실험실인 그랑사소 연구소가 들어 있다. 바로 이곳에 이탈리아 과학자들을 포함한 국제공동연구단이 자그마치 30톤의 갈륨을 사용한 검출기를 설치했고, 물리학자들은 이 실험에 '갈렉스 GALLEX'란 멋진 이름을 붙였다. 갈렉스는 갈륨 실험Gallium Experiment의 약자다. 갈렉스는 1991년에 시작하여 1997년까지 계속되었는데 그 실험에서도 역시 태양 중성미자의 실제 측정 개수는 이론값보다 작았다. 갈렉스 실험은 이후 GNOGallium Neutrino Observatory란 이름으로 1998년부터 2003년까지 두 번째 실험을 5년간 더 수행했다. 하지만 태양 중성미자의 측정값은 이론값보다 항상 작다는 것을 재차 확인하는 결과를 얻었을 뿐이었다.

폰테코르보도 가만히 보고 있지만은 않았다. 그의 아이디어가 서방 세계에서 커다란 학문적 성취를 가져오자 소련의 핵물리학계도 중성미자 실험의 필요성을 절감할 수밖에 없었다. 소련은 공산국가답게 갈륨을 독점하여 손쉽게 60톤의 갈륨을 확보할 수 있었다. 이를 바탕으로 소련과 미국의 합작 프로그램인 세이지Soviet American Gallium Experiment, SAGE가 만들어졌다. 세이지는 허브 식물의 이름이기도 하지만, 영어나 프랑스어로는 현명한이라는 뜻도 있다. 세이지 검출기는 러시아의 캅카스산에 건설된 박산 중성미자 관측소Baksan Neutrino Observatory, BNO에 설치되었다.

세이지는 갈렉스보다 이른 1989년에 실험에 착수했다. 1990년부터 2007년까지 수집된 데이터로 내린 세이지의 실험 결과 역시 관측된 태양 중성미자의 수는 이론값의 절반밖에 되지 않았다.

수수께끼의 실마리

데이비스의 홈스테이크 실험에서 태어난 태양 중성미자 문제는 이렇게 갈렉스와 세이지라는 두 번의 실험을 통해 한 번 더 진짜 '문제'라는 것이 확인되었다. 결국 태양 중성미자는 중성미자의 에너지가 높거나 낮거나 관계없이 항상 이론값보다 적게 측정된다는 결론이 내려졌다. 추가로 다른 실험 결과들이 발표되면서 의심받는 쪽은 오히려 바칼이었다. 사람들은 태양 중성미자 수수께끼의 원인이 표준태양모형에 있을 거란 생각을 하기 시작했다. 물론 이론값과 실험값 둘 다 믿고 제3의 설명 방법을 찾는 사람들도 있었다.

실제 데이비스와 바칼, 두 사람이 다 맞는 경우도 얼마든지 가능하다. 예를 들어, 태양에서 출발하는 중성미자가 처음에는 7.5 SNU가 될 정도로 많이 발생했으나, 지구까지 1억 5000만 킬로미터를 날아오면서 감쪽같이 사라져 3 SNU만 남으면 되지 않겠느냐는 아이디어였다. 즉 중성미자가 지구까지 오는 사이에 다른 입자로 변해 사라져 버리기만 하면 모든 것이 설명되는 것이었다. 그러면 바칼도 맞고, 데이비스도 맞는다는 결론을 내릴 수가 있었다. 이런 황당할 수도 있는 아이디어를 처음으로 내놓은 사람은 바로 다름 아닌 폰테코르보였다.

당시 소련에 있던 폰테코르보는 서방 세계에서 나오는 물리학 뉴스를 계속 전달받고 있었다. 또 자신이 고안한 염소-아르곤 실험이 데이비스에 의해 수행되고 있다는 것도 잘 알고 있었다. 그리고 놀랍게도 데이비스가 첫 실험 결과를 발표하기도 전인 1968년에 '중성미자가 사라질 수 있다'는 아이디어를 이미 제시해 놓은 상태였다.

폰테코르보의 최초 아이디어는 중성미자와 반중성미자가 서로 뒤바뀔 수 있다는 것이었다. 예를 들어 100개의 중성미자가 태양에서 출발했더라도 오는 도중에 그중 50개가 반중성미자로 바뀌어 50개는 검출기에 잡히지 않는다고 주장했다. 폰테코르보는 이렇게 미래를 내다보는 해석을 내놓으면서 다시 한번 자신의 천재성을 입증했다. 우선 이렇게 입자가 바뀌는 현상을 설명하기 위해서는 먼저 입자물리학의 최종 결론이라 할 수 있는 표준모형을 알아야 한다.

6장

중성미자는
카멜레온

인생은 한 번뿐이다.
무엇이 나오든, 거둬들여라.
- 잭 스타인버거(1921~2020)

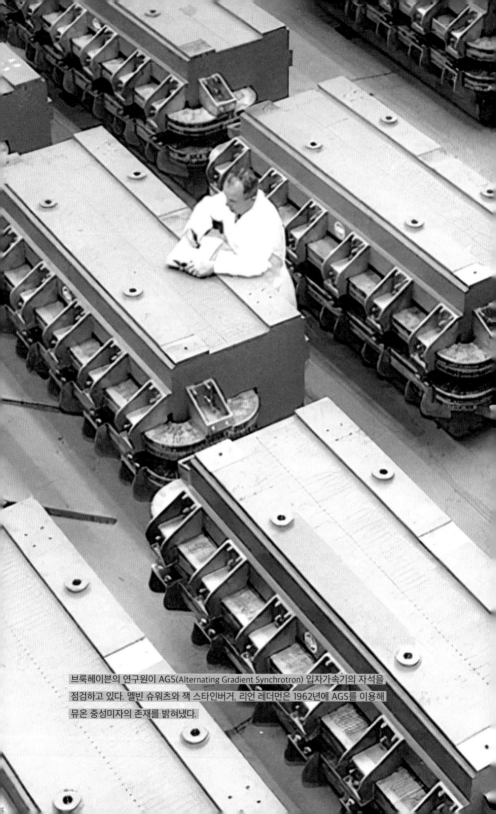

브룩헤이븐의 연구원이 AGS(Alternating Gradient Synchrotron) 입자가속기의 자석을 점검하고 있다. 멜빈 슈워츠와 잭 스타인버거, 리언 레더먼은 1962년에 AGS를 이용해 뮤온 중성미자의 존재를 밝혀냈다.

데이비스의 실험 결과, 지구에 도달하는 중성미자의 수가 바칼이 계산한 이론값보다 훨씬 적다는 것이 밝혀졌다. 그 많던 중성미자는 도대체 어디로 사라졌을까? 이 장에선 바로 이 수수께끼의 정체를 파헤쳐 볼 것이다. 하지만 '중성미자 실종 사건'이라는 수수께끼를 풀려면 우리는 먼저 입자물리학의 최종 결론이라 불리는 표준모형이 기술하는 입자들의 세계를 알아야 한다.

기본 입자들

자연계에는 구십여 개의 서로 다른 원소들이 존재하는데 이들은 모두 원자로 이루어져 있다. 가속기가 발달하면서 이제는 인공적으로 원소들을 만들어 내기도 해 지금은 오가네손까지 총 118개의 원소들이 주기율표를 꽉 채우고 있다.

원자는 모두 원자핵과 전자로 구성되어 있고, 핵은 양성자와 중성자로 이루어져 있다. 핵물리학에서는 양성자와 중성자를 쌍둥이 입자로 취급한다. 우선 양성자의 질량은 1.673×10^{-27}킬로그램, 중성자 질량은 1.675×10^{-27}킬로그램으로 거의 같다. 양성자의 전하는 1.6×10^{-19}쿨롱이고 중성자는 0이어서 전자기력의 관점에서는 서로 다른 입자지만, 핵력의 입장에서 보면 둘 다 같은 크기의 핵력이 작용한다. 그래서 양성자와 중성자를 전하만 다른 쌍둥이 입자로 간주하고, 이 두 입자를 원자핵을 구성하는 핵자核子, nucleon라고 통칭한다. 따라서 원자는 양성자, 중성자, 전자 이렇게 세 가지의 입자로 만들어져 있다고 할 수 있고, 단순히 핵자와 전자로 구성되어 있다라고도 말할 수 있다.

중성미자는 물질을 만드는 데는 관여하지 않지만, 앞에서 본 바와 같이 어떤 물질이 방사성 붕괴를 할 때 따라 나온다. '따라 나온다'라는 말은, 다시 말하면 없던 전자가 생겨날 때 항상 중성미자가 함께 생성된다는 것을 의미한다. 예를 들어 중성자가 베타붕괴를 통해 양성자가 될 때 전자가 생겨나는데 이때 반중성미자가 함께 따라 나온다. 핵융합에서도 양성자와 양성자가 융합하여 중양성자를 만들 때는 양성자가 중성자로 바뀌면서 양전자가 발생하고 중성미자가 따라 나온다. 이렇게 전자와 중성미자는 항상 쌍으로 생겨나거나 쌍으로 소멸되므로 우리는 여기서 간단한 법칙하나를 만들 수 있다.

바로 '전자수 보존 법칙'이다. 입자들의 반응 전후에 전자수(L_e)는 항상 보존된다는 것이다. 여기서 전자와 중성미자의 전자수는 1, 반입자인 양전자와 반중성미자의 전자수는 -1로 놓고, 그 외 모든 입자의 전자수는 0으로 정의한다.

이 법칙에 따라 전자수를 따져보면, 베타붕괴의 경우,

$$n \rightarrow p + e^- + \bar{\nu}_e$$
전자수: 0 = 0 + 1 + (-1)

이 되어 반응 전후에 전자수의 합은 0으로 보존된다. 또 양성자 융합 반응의 경우도 마찬가지로,

$$p + p \rightarrow D + e^+ + \nu_e$$
전자수: 0 + 0 = 0 + (-1) + 1

이 되어 마찬가지로 반응 전후에 전자수의 합이 0으로 전자수는 보존된다.

이렇게 중성미자와 전자는 쌍을 이루는 것처럼 취급할 수 있고, 또 이들은 둘 다 매우 가벼운 입자이므로, 이들을 경입자輕粒子 또는 렙톤lepton이라고 부른다. 여기서 렙톤이라는 이름은 '가볍다'라는 뜻의 그리스어 '렙토스'에서 왔다.

정리하면 세상의 모든 물질은 크게 핵자와 경입자 두 가지로 이루어져 있다. 그리고 핵자는 양성자와 중성자로 나뉘고, 경입자는 전자와 중성미자로 구분된다. 달리 말하면 세상의 모든 물질은 네 개의 기본 입자로 이루어져 있다고 할 수 있다. 우연의 일치겠지만

6장 중성미자는 카멜레온

고대 그리스의 철학자들이 "세상은 물, 불, 흙, 공기로 이루어졌다"라고 주장했던 '4원소설'과 비슷하다.

21세기판 신 4원소설

가속기 기술이 발달하면서 물리학자들은 양성자조차도 깨뜨리려는 실험을 시작했다. 양성자가 진정한 기본 입자인지 아니면 또 다른 입자를 품은 복합 입자인지를 알고 싶었다. 그 시도 중 하나가 1960년대 말 스탠퍼드선형가속기연구소Stanford Linear Accelerator Center, SLAC에서 일어났다. MIT의 제롬 프리드먼과 헨리 켄달, 그리고 스탠퍼드 대학의 리처드 테일러가 소위 'SLAC-MIT 실험'에 착수했던 것이다. 그들은 SLAC의 가속기가 만든 매우 큰 에너지의 전자를 양성자에 부딪쳐 보고자 했다. 이는 마치 러더퍼드가 알파 입자로 금 원자를 때려서 그 속에 들어 있는 원자핵을 발견한 것에 견줄 수 있었다. 즉 전자를 고에너지로 가속시켜 양성자를 때려 보면 양성자가 단일 입자인지 아니면 그 안에 어떤 구조가 들어 있는지 알 수 있을 거라고 생각했다.

실험 결과는 매우 놀라웠다. 만약 양성자가 내부 구조가 없는 단일 입자라면, 전자와 양성자의 산란은 마치 유리구슬 한 개와 당구공 한 개가 부딪히는 경우처럼 보일 것이다. 그런데 실제 실험 결과는 양성자 속에 단단한 유리구슬이 여러 개가 들어 있는 것처럼 행동했다. 리처드 파인먼은 이 실험 결과를 보고 양성자 속에 파톤parton이 들어 있다고 해석했다. 파톤은 우리 말로 표현하면 부분자部分子라 부를 수 있다.

그때는 이미 양성자와 중성자가 쿼크로 이루어져 있다는 쿼크 이론이 세상에 나와 있을 때였다. 머리 겔만이 만든 쿼크 이론에 따르면 양성자는 위 쿼크up quark 2개와 아래 쿼크down quark 1개로 이루어져 있고, 중성자는 위 쿼크 1개와 아래 쿼크 2개로 이루어져 있다. 위 쿼크는 전하가 +2/3이고, 아래 쿼크는 -1/3의 전하를 가져서, 양성자(uud)의 경우는 전하가 (+2/3) + (+2/3) + (-1/3) = 1이 되고, 중성자(udd)는 (+2/3) + (-1/3) + (-1/3) = 0이 되어, 교묘하게 양성자의 전하, 중성자의 전하와 딱 들어맞는다. 이론적으로 아름다운 겔만의 쿼크 가설은 처음 발표된 후 한참 동안 실험적으로 확인할 수 없었는데, 때마침 SLAC-MIT 실험 결과가 발표되면서 쿼크 이론은 정설로 인정받았고, 양성자와 중성자는 모두 위 쿼크와 아래 쿼크로 구성된 복합 입자로 인식되기 시작했다.

이렇게 따지면 물질의 구성 요소는 핵자와 전자가 아니라 더 근원적으로 위 쿼크와 아래 쿼크, 전자라고 할 수 있다. 여기에 중성미자까지 포함시키면 세상은 위 쿼크와 아래 쿼크, 전자와 중성미자, 이렇게 4개의 기본입자로 이루어져 있다고 볼 수 있다. 아니면 둘씩 묶어서 세상은 쿼크와 렙톤으로 이루어 졌다고 말할 수도 있다.

지금까지 입자의 스핀은 언급하지 않았지만, 이들 4개의 입자는 모두 크기가 $h/2$인 스핀을 가지고 있고, 물리학자들은 이런 반정수를 스핀 값으로 가진 입자에게 '페르미온'이란 멋진 이름을 붙여 주었다. h는 플랑크 상수 h를 2π로 나눈 값인데 스핀 각운동량의 최소 단위 정도로 생각하면 된다. 스핀이라 하면 흔히 입자가 뱅뱅 도는 상태라고 생각한다. 하지만 무엇이 뱅뱅 돌기 위해서는 그 물체의 크기가 있어야 한다. 우리가 지금 이야기하고 있는 전자나 쿼크 같은 입자는 수학으로 말하면 크기가 없는 점에 해당한다고 할 수 있다. 따라서 크기가 없는 입자가 회전을 한다는 것은 상상하기 힘들다. 따라서 양이나 음의 전기를 띠는 전하가 입자의 고유 성질인 것 같이 스핀도 입자의 고유 성질이라고 보는 것이 좋다.

이상의 이야기를 종합하면 우리는 아래 표와 같이 21세기판 신 4원소설을 얻을 수 있다.

페르미온

종류	이름	기호	질량 (MeV/c^2)	전하(q)	스핀
렙톤	전자	e	0.511	-1	$\frac{1}{2}h$
	중성미자	ν	~0	0	$\frac{1}{2}h$
쿼크	위 쿼크	u	~ 2.3	$+\frac{2}{3}$	$\frac{1}{2}h$
	아래 쿼크	d	~ 4.8	$-\frac{1}{3}$	$\frac{1}{2}h$

또 다른 중성미자의 발견

친구들과 함께 중식당에 갔다고 해보자. 한 사람은 짜장면을 먹고 싶다고 하고, 다른 친구는 짬뽕을 시켰고, 또 다른 친구는 볶음밥을 주문했다. 그리고 다 같이 나눠 먹기 위해 탕수육도 한 접시

추가했다. 음식이 다 나오고 식사를 하고 있는데, 갑자기 깐풍기 한 접시를 웨이터가 가져왔다고 하자. 이때 틀림없이 나오는 말이 하나 있다. 바로 "누가 이걸 시켰지?"일 것이다.

똑같은 상황이 입자물리학의 역사에도 있었다. 때는 1936년이었다. 칼 앤더슨과 세스 네더마이어가 우주선을 연구하다 전자도 아니고 양성자도 아닌 그 사이 어중간한 질량을 가진 입자를 발견한 것이다. 이 입자는 전자electron와 양성자proton 사이에 낀 입자라 이름도 중간이란 뜻을 지닌 메조트론mesotron이라 명명됐다. 몇 번의 개명을 거친 끝에 지금은 뮤온muon이란 이름으로 불리는 이 입자는 처음에는 유카와 히데키가 예견한 핵력을 전달하는 입자가 아닐까 생각되었지만 입자의 성격은 오히려 전자와 비슷했다.

이렇게 온 세상이 양성자, 중성자, 전자, 중성미자까지 4개의 원소로 이루어져 있다는 1930년대의 아름다운 물리학 이론에 뮤온이란 불청객이 느닷없이 끼어들었다. 제5의 원소였던 셈이다. 노벨상을 수상한 물리학자인 이시도르 라비가 뮤온이라는 새로운 입자의 발견 소식을 듣고 "누가 저것을 주문했지?"라고 외쳤다는 일은 뮤온을 설명할 때 빠지지 않고 나오는 일화다. 양성자나 중성자, 전자와 달리 뮤온은 존재해야 하는 아무런 이유도 없이 그냥 불쑥 나타난 입자였다.

뮤온은 생겨나고 얼마 지나지 않아 붕괴하여 전자로 바뀐다. 그래서 전자의 엄마 같은 입자로 볼 수 있다. 또 전자와 같이 음의 전기를 띠고, 하는 행동도 전자와 유사했다. 오로지 다른 점이 있다면

6장 중성미자는 카멜레온

질량이 매우 달랐는데, 뮤온은 전자보다 질량이 200배나 컸다. 굳이 비유하자면 뮤온은 전자의 부모 세대 입자라 할 수 있다.

1962년에는 리언 레더먼과 멜빈 슈워츠, 잭 스타인버거가 뮤온과 쌍을 이루는 뮤온 중성미자를 발견했다. 그들은 우선 가속된 양성자를 베릴륨 표적에 때려 다수의 파이온을 만들어 냈다. 파이온은 수명이 짧은 입자라 바로 뮤온으로 붕괴한다. 물리학자들은 뮤온이 생겨날 때 뮤온 중성미자도 같이 나올 거라고 생각했다. 베타붕괴에서 전자가 발생할 때 중성미자가 반드시 따라 나오는 것처럼, 파이온의 붕괴 과정에서도 뮤온이 생겨날 때마다 뮤온 중성미자가 따라 나올 것이라고 생각했다.

그들은 파이온의 붕괴 과정에서 얻은 뮤온과 중성미자 빔을 13미터가 넘는 두꺼운 철판으로 막았다. 뮤온은 하전 입자로 철판 속에서 전자기 상호작용을 통해 에너지를 잃기는 하지만, 투과력이 전자보다 훨씬 좋기 때문에 뮤온을 막으려면 13미터나 되는 두꺼운 철판이 필요했다. 어쨌든 이 철판을 지나고 나면 그 뒤로는 중성미자만 남을 것이라고 예상되었다. 이렇게 만들어진 순수한 중성미자 빔이 검출기 속으로 들어가면, 이후 중성미자는 검출기 내 원자들과 반응하여 다시 뮤온을 만들어 낸다는 것이 확인되었다. 이는 뮤온과 함께 생성된 중성미자가 뮤온과 짝을 이루는 뮤온 중성미자라는 것을 보여주는 결과였다. 그들은 또 이 중성미자 빔으로는 전자가 만들어지지 않는다는 사실도 발견하였고, 이로부터 입자가 반응할 때 전자수 보존 법칙과 함께 뮤온수 보존 법칙도 성립한다는 것을 알아냈다.

실험의 결론은 간단했다. 전자가 전자 중성미자와 함께 입자의 1세대 쌍을 이루는 것처럼, 뮤온도 뮤온 중성미자와 함께 쌍을 이룬다는 것이었다. 이유가 어찌 되었던 렙톤은 두 세대를 갖춘 입자 가족이 된 것이다. 레더만과 슈워츠, 스타인버거는 뮤온 중성미자 빔을 사용하여 2세대 렙톤 가족을 완성한 공로로 1988년 노벨물리학상을 수상하였다. 전자 중성미자를 최초로 발견한 라이네스와 데이비스가 이들보다 노벨상을 늦게 받은 것은 참으로 아이러니하다.

1950년대에는 케이 중간자(케이온)와 같은 기묘입자strange particle 가 연이어 발견되는데, 1964년 겔만에 의해 쿼크 가설이 나오면서 위 쿼크, 아래 쿼크와 더불어 세 번째 쿼크인 기묘 쿼크의 존재로 기묘입자의 성질이 설명되기 시작했다. 이 쿼크는 기묘입자의 구성 성분이기 때문에 기묘 쿼크strange quark라고 불리게 되었고, 아래 쿼크처럼 -1/3 전하를 갖는 것으로 알려졌다. 따라서 기묘 쿼크는 아래 쿼크의 아버지뻘로 인식되어, 뮤온처럼 2세대 쿼크로 인식될 수 있었다. 그리고는 자연스럽게 위 쿼크의 아버지뻘인 2세대 쿼크가 존재할 것이라는 생각이 퍼졌다.

결정적으로 위 쿼크, 아래 쿼크, 기묘 쿼크에 이어 4번째 쿼크가 존재해야 하는 이유는 1970년에 발표된 셸던 글래쇼, 존 일리오풀로스, 루치아노 마이아니의 이론에서 나왔다. 당연히 이 새로운 쿼크는 위 쿼크처럼 +2/3의 전하를 가질 것이라 여겨졌고, 질량은 위 쿼크보다 무거울 것으로 예상됐다. 그리고 이 쿼크는 2세대에 홀로 존재했던 기묘 쿼크와 쌍을 이뤄 2세대 쿼크를 완성할 것이므로, 잃어버린 조각을 맞출 수 있는 이론적으로 매우 아름다운 존재였다. 그래서 이름도 맵시 쿼크^{charm quark}가 되었다. 이렇게 이론적으로만 존재가 예상됐던 맵시 쿼크는 1974년 새뮤얼 팅과 버튼 릭터가 각각 독립적인 실험팀을 꾸려 발견했다.

이와 같이 2세대 렙톤인 뮤온과 뮤온 중성미자, 그리고 2세대 쿼크인 맵시 쿼크와 기묘 쿼크가 모두 발견되면서 입자의 세계는 1세대 입자 4개가 세대 반복을 해 2세대에도 똑같이 4개의 입자가 나타난다는 것이 밝혀졌다.

2세대 입자의 발견에 이어 3세대 입자도 속속 발견되었다. 1975년에는 마틴 펄에 의해 전자의 할아버지뻘에 해당하는 3세대 렙톤인 타우 입자가 발견되었다. 타우 입자는 질량이 자그마치 전자의 3500배인 1777메가전자볼트나 됐다.

타우 입자가 발견되자 많은 사람들이 그의 렙톤 쌍인 타우 중성미자도 당연히 존재할 거라고 생각했다. 그리고 만약 타우 중성미자가 존재한다면 전자수 보존 법칙이나 뮤온수 보존 법칙과 같이 타우 입자수 역시 보존될 것으로 보였다. 그러니 타우 중성미자가 어떤 반응을 일으켜 타우 입자로 바뀌는지만 찾아낸다면 타우 중성미자를 직접 관찰한 것으로 간주할 수 있었다. 문제는 타우 입자의 수명이 약 0.3피코초(0.3×10^{-12}초)로 매우 짧아 다른 입자로 순식간에 붕괴하기 때문에 전자나 뮤온처럼 쉽게 타우 입자의 렙톤 쌍을 찾아낼 수 없다는 점이었다. 그래도 2000년에 매우 정밀한 도넛^{Direct}

Observation of the Nu Tau, DONUT 실험이 타우 중성미자가 타우 입자로 바뀌는 사건을 찾아내 3세대 렙톤도 쌍을 이루는 것을 확인했다.

쿼크도 마찬가지로 아래 쿼크의 할아버지뻘인 바닥 쿼크bottom quark가 1977년 리언 레더먼에 의해 발견되었고, 마지막으로 6번째 쿼크인 꼭대기 쿼크top quark가 1995년 페르미연구소의 CDFCollider Detector at Fermilab 실험에 의해 발견되면서 3세대 쿼크 쌍도 모두 발견되었다. 이렇게 3세대 역시 렙톤 쌍과 쿼크 쌍을 합쳐 모두 4개의 입자로 구성되어 있고, 2세대에 이어 세대 반복이 계속된다는 것을 알게 되었다. 1세대부터 3세대까지 모두 합치면 총 12개의 입자가 되고, 이것이 바로 표준모형에 나오는 12개의 페르미온이다.

그럼 4세대 입자도 존재할까? 지금까지 밝혀진 바에 의하면 4세대 입자가 나타날 가능성은 매우 낮아 보인다. 1990년에 CERN에서 추진했던 거대 전자-양전자 충돌 실험Large Electron-Positron Collider, LEP의 결과에 따르면 중성미자는 오로지 3세대만 존재하고, 만약 4세대 중성미자가 있다면 그 질량은 최소 45기가전자볼트 이상이 되어야 한다고 알려져 있다. 중성미자가 매우 가벼운 입자라는 것을 감안하면 4세대 중성미자가 나오기는 쉽지 않아 보인다. 또한 현재까지 가장 강력한 충돌 에너지를 내는 가속기인 CERN의 거대강입자충돌기Large Hadron Collider, LHC에서도 아직 4세대 입자가 발견되었다는 보고가 없다. 이런 연유로 입자물리학자들은 페르미온이 3세대까지만 존재한다고 보고 있고, 이를 바탕으로 현재의 표준모형이 자리잡게 되었다.

6장 중성미자는 카멜레온

입자와 반입자

모든 페르미온에는 질량은 같고 전하가 반대인 반입자가 있다. 예를 들어 음의 전기를 가진 전자를 보면 전자와는 질량뿐 아니라 다른 모든 성질이 전부 다 같지만 오로지 전하만 반대인 양전자란 반입자가 존재한다. 전자와 양전자는 서로 입자와 반입자의 관계에 있어, 서로 만나면 감쪽같이 사라진다. 마치 +1과 −1이 합해지면 0이 되듯이 입자와 반입자가 만나면 서로 소멸한다. 물론 이 둘이 소멸하면 애초에 두 입자가 가지고 있던 정지질량 에너지가 빛의 형태로 방출된다.

양전자는 1932년 칼 앤더슨이 안개상자 실험을 통해 발견했다. 양전자가 발견된 것은 물리학적으로는 매우 큰 사건이다. 반입자를 최초로 발견한 것이기 때문이었다. 반입자의 존재는 따지고 보면 앤더슨의 발견 이전에 이미 디랙에 의해 예견되어 있었다. 폴 디랙은 슈뢰딩거의 파동 방정식을 아인슈타인의 특수상대성이론에 맞게 고쳐 디랙 방정식을 만들었고, 이 방정식에서 얻어지는 파동 함수는 신기하게도 반입자 상태를 포함하고 있었다. 디랙 방정식은 훗날 양자전기동력학Qunatum Electrodynamics, QED을 만드는 기초가 되었고, 양자전기동력학이 발전하여 오늘날의 표준모형이 만들어졌다.

양전자가 발견되었지만, 그 후로도 한참 동안 양전자는 물리학적 의미 외에는 인간의 삶과 관계가 없어 보였다. 일상 생활에는 아무짝에도 쓸모없어 보이는 이 입자는 도대체 왜 존재하는 것일까? 우리가 숨 쉬는 공기는 우리가 존재하는 데 필수적이지만, 어느 누구도 공기의 존재에 대해 감사하고 예찬하지 않는다. 고맙다고 말하지 않더라도 우리 곁에 항상 있으니까 우리는 그 중요성을 모르는 것이다. 마찬가지로 양전자의 존재도 물리학자들은 중요하다고 말하지만, 일반인들에게는 이 양전자가 있으나 없으나 생활에 아무 영향이 없으므로 큰 관심거리가 되지 못했다. 그러던 것이 양전자 방출 단층 촬영Positron Emission Tomography, PET이란 새로운 의학 진단 장치가 우리 생활 속으로 들어오면서 이제는 일반인도 양전자란 이름을 한 번쯤은 듣게 되었다. PET는 고가의 의료 장비로 엑스선을 사용하는 CT가 할 수 없는 다양한 영역에 진단 장비로 활용된다. 양전자가 현대인의 일상 생활에 필수적인 입자가 된 것이다. 이런 면에서 인간은 이제 반입자도 사용하는 매우 지능적인 생명체로 발전했다고 말할 수도 있겠다.

전자에 반입자가 있듯이 전자 중성미자에도 반입자가 있다. 우리는 이를 반 전자 중성미자라고 부른다. 마찬가지로 2세대 렙톤의 경우, 뮤온의 반입자인 반뮤온이 있고, 뮤온 중성미자의 반입자인 반 뮤온 중성미자가 있다. 뮤온의 경우에는 양의 전기를 띤 뮤온을 부르는 별도의 이름이 없다. 따라서 양의 뮤온positive muon이라고 해도 좋고 반뮤온antimuon이라 해도 좋다. 3세대 역시 타우의 반입자인 반타우 또는 양의 타우가 있고, 타우 중성미자의 반입자인 반 타우 중성미자가 있다.

각각의 쿼크 역시 모두 반입자가 존재한다. 페르미온의 입자와 반입자를 모두 정리하면 아래와 같다.

페르미온

	1 세대	2 세대	3 세대
렙톤	전자(e^-)	뮤온(μ^-)	타우(τ^-)
	전자 중성미자(ν_e)	뮤온 중성미자(ν_μ)	타우 중성미자(ν_τ)
쿼크	위 쿼크(u)	매혹 쿼크(c)	꼭대기 쿼크(t)
	아래 쿼크(d)	기묘 쿼크(s)	바닥 쿼크(b)

페르미온 반입자

	1 세대	2 세대	3 세대
반렙톤	양전자(e^+)	양의 뮤온(μ^+)	양의 타우(τ^+)
	반 전자 중성미자($\bar{\nu}_e$)	반 뮤온 중성미자($\bar{\nu}_\mu$)	반 타우 중성미자($\bar{\nu}_\tau$)
반쿼크	반 위 쿼크($\bar{u}$)	반 매혹 쿼크($\bar{c}$)	반 꼭대기 쿼크($\bar{t}$)
	반 아래 쿼크($\bar{d}$)	반 기묘 쿼크($\bar{s}$)	반 바닥 쿼크($\bar{b}$)

진동하는 중성미자

1956년 라이네스와 코완이 이론 속에서만 존재했던 중성미자를 처음으로 검출해 내자, 그 다음으로 이슈가 됐던 것은 중성미자의 질량이었다. 그때까지 중성미자가 질량을 갖는지, 아니면 빛과 같이 질량이 0인지는 알려져 있지 않았다. 다만 중성미자가 질량을 갖더라도 매우 작을 것이라는 생각은 누구나 하고 있었다.

중성미자가 발견되고 그 이듬해인 1957년에 폰테코르보는 중성미자의 반입자인 반중성미자가 있다면 매우 재미있는 일이 생길 수 있다는 생각을 했다. 당시에는 중성 케이온(K^0)이란 입자가 매우 이상한 행동을 한다는 것이 알려져 있었다. 이 중성 케이온의 반입자는 $\bar{K}^0$로 표시하는데, 충돌 실험에서 생성된 K^0 입자는 시간이 지나면 $\bar{K}^0$로 바뀌고, 또 시간이 지나면 K^0 입자로 돌아오고, 잠시 뒤 또다시 $\bar{K}^0$로 바뀌는 식으로 진동을 한다는 것이 실험적으로 밝혀진 것이다.

폰테코르보는 중성미자의 경우에도 이와 유사하게 중성미자와 반중성미자가 있으면 중성미자와 반중성미자가 서로 정체를 바꾸는 진동을 할지도 모른다는 생각을 떠올렸다. 만약 폰테코르보의 주장이 맞다면 태양 중성미자의 수수께끼는 아주 쉽게 풀릴 수 있었다. 간단히 생각해 태양에서 발생한 전자 중성미자가 1억 5000만 킬로미터를 날아와 지구에 도달했을 때는 중성미자의 반은 반중성미자로 바뀌어 염소-아르곤 반응을 일으키지 못할 것이고, 따라서 데이비스의 검출기에 나타나는 반응의 수가 줄어들 수밖에 없다는 설명이었다.

1962년 뮤온 중성미자가 존재한다고 밝혀지자 폰테코르보는 자신의 중성미자-반중성미자 진동 이론을 수정하여, 전자 중성미자와 뮤온 중성미자가 서로 뒤바뀌는 새로운 형태의 진동을 생각해 냈다. 훗날 일본의 물리학자인 마키 지로와 나카가와 마사미, 그리고 사카타 쇼이치는 폰테코르보의 아이디어를 받아, 전자 중

6장 중성미자는 카멜레온

성미자, 뮤온 중성미자, 타우 중성미자가 서로 모습을 바꾸는 진동을 할 수 있다는 이론으로 확장하였다. 이로써 태양에서 발생한 전자 중성미자가 지구까지 날아오면서 그 숫자가 줄어드는 현상을 설명할 수 있는 이론적 토대는 확고히 마련되었다.

여성과 남성의 정의

여성과 남성은 어떻게 다를까? 중성미자 이야기를 하다 뜬금없이 여성과 남성 이야기는 왜 하는가 반문할 수도 있지만, 다 이유가 있다.

먼저 여성과 남성의 정의가 무엇인지 생각해 보자. 금세 깨달을 수 있지만, 이는 결코 쉬운 질문이 아니다. 여성과 남성의 몸을 기술하는 물리적인 값들은 많이 달라 보여도, 사실 거기서 거기다. 여성의 평균적인 키나 몸무게는 남성의 평균 키와 몸무게보다 작다. 반대로 여성의 평균 수명은 남성의 평균 수명보다 길다. 남녀 간의 키나 몸무게, 수명의 차이는 평균값의 차이란 것이지, 개개인 여성과 남성의 차이는 아니다. 따라서 이런 숫자로 여성과 남성을 구별하는 것은 불가능하다.

그럼 이런 정의는 어떨까?

- 여성 = 남성이 아닌 사람
- 남성 = 여성이 아닌 사람

말장난이다. 하지만 둘 중 하나를 먼저 정의할 수 있다면, 다른 하나는 자동적으로 정의되므로 충분히 고려할 만한 가치가 있다. 여성이나 남성 둘 중 하나의 성이 어떤 지표를 가지고 있고, 다른 한쪽은 그 지표를 갖고 있지 않다면 여성과 남성을 정의하는 데 바로 그 지표를 사용할 수 있을 것이다. 이런 지표로 사용할 수 있는 것들 중 가장 먼저 머리에 떠오르는 것이 바로 성 호르몬이다. 여성은 에스트로겐이란 여성 호르몬을 가지고 있고, 남성은 테스토스테론이란 남성 호르몬을 가지고 있다. 그러니 호르몬의 종류와 양을 조사해서 여성과 남성을 구별하는 것도 하나의 방법일 될 수 있다. 다시 말해,

- 여성 = 에스트로겐을 가진 사람
- 남성 = 테스토스테론을 가진 사람

과 같이 정의해 보자는 것이다.

하지만 과학에 조금이라도 상식이 있는 사람이라면 위의 정의가 인체를 너무 단순화했다는 것을 금방 알아챌 것이다. 여성의 몸속에도 남성 호르몬이 존재하고, 남성의 몸에도 여성 호르몬이 존재하기 때문이다. 여성의 몸에는 여성 호르몬이 대략 0.2ng/ml, 남성 호르몬이 1ng/ml이 들어 있다고 한다. 이와는 달리 남성의 몸에는 여성 호르몬이 0.02ng/ml, 남성 호르몬이 10ng/ml 가량 있다고 한다. 이 수치는 평균값일 뿐 사람마다 그 편차가 매우 크다.

어찌 되었든 여성은 여성 호르몬을 남성보다 10배나 더 많이 가지고 있고, 남성 호르몬은 남성에 비해 10분의 1밖에는 안 가지고 있다. 반대로 남성은 여성보다 남성 호르몬을 10배나 더 많이 가지고 있고, 여성 호르몬은 10분의 1밖에는 안 가지고 있다. 따라서 호르몬의 관점에서 남성과 여성을 구별하는 것은 대충은 맞을지 몰라도 100퍼센트 맞는 방법이라고는 할 수 없을 것이다.

그런데 생각해 보면 애초에 인간을 여성과 남성으로 꼭 양분하고자 하는 것 자체가 문제일 수 있다. 예를 들어, 여성 호르몬 수치 0.2ng/ml를 여성성(♀)의 한 단위라 하고, 남성 호르몬 수치 10ng/ml을 남성성(♂)의 한 단위라고 정의해 보자. 그러면 우리가 만나는 평균적인 여성과 남성은

- 여성 = 1.0 여성성(♀) + 0.1 남성성(♂)
- 남성 = 0.1 여성성(♀) + 1.0 남성성(♂)

으로 표현할 수 있다.

이렇게 정의된 여성과 남성은 둘 다 여성성(♂)과 남성성(♀)이 섞여 있는 존재다. 그리고 어쩌면 이것이 참된 여성과 남성의 정의일 수 있다.

중요한 것은 이런 일이 입자의 세계에도 일어난다는 것이다.

중성미자의 섞임

앞에서 설명한 바와 같이 표준모형에서는 중성미자의 질량을 모두 0으로 간주한다. 만약 중성미자에 질량이 있다면 어떤 일이 일어날까? 설명을 간단히 하기 위해 두 가지 중성미자만 있는 경우를 다루어 보자. 먼저 질량이 m_1인 중성미자 ν_1이 있고, 질량이 m_2인 중성미자 ν_2가 있다고 가정하자. 이는 마치 여성 호르몬과 남성 호르몬으로 대비되는 여성성과 남성성에 비유될 수 있다.

만약에 전자 중성미자(ν_e)가 ν_1이고, 뮤온 중성미자가(ν_μ)가 ν_2라면, 이는 여성이 100퍼센트 여성성만 갖고 남성은 100퍼센트 남성성만 갖는 경우에 해당한다. 하지만 여성과 남성이 모두 여성성과 남성성을 섞어 가지고 있듯이, 전자 중성미자와 뮤온 중성미자도 ν_1과 ν_2를 적당히 조합해 가지고 있을 수 있다. 즉 여성과 남성을 실제 우리가 관측하는 중성미자 ν_e와 ν_μ에 비유한다면, 이 두 중성미자는 모두 여성성 중성미자(ν_1)와 남성성 중성미자(ν_2)가 섞여 있는 상태라 가정하는 것이다. 예를 들어, 전자 중성미자는 ν_1을 더 많이 가진 반면 ν_2는 더 적게 가지고 있고, 뮤온 중성미자는 ν_1을 적게 가지고 있고, ν_2를 더 많이 가지고 있다고 생각하는 것이다. 이 상태를 그림으로 표현하면 다음과 같다.

양자역학에서는 이를 중첩 상태라고 부른다. 즉 실험실에서 우리가 검출하는 중성미자 ν_e와 ν_μ는 실제로는 ν_1과 ν_2의 중첩 상태란 것이다.

여기서 우리는 재미있는 생각 하나를 떠올릴 수 있다. 만약 'ν_1과

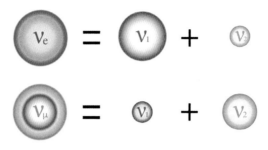

ν_2가 시간의 함수로 서로 다른 진동수를 가지고 진동을 한다면, 어떻게 되겠는가 하는 것이다. 위의 그림으로 설명하면 시간에 따라 ν_1은 점점 줄어들고, ν_2의 양이 점점 늘어나다가, 시간이 더 흘러가면 서로 반대로 늘어나고 줄어들기를 반복하는 경우다. 그렇게 되면 ν_e나 ν_μ의 정의 자체가 혼란스럽게 된다. 왜냐하면 ν_1과 ν_2의 성분이 시간에 따라 바뀌면서, ν_e가 ν_μ로 바뀌고, 반대로 ν_μ는 ν_e로 바뀔 것이기 때문이다.

이는 결국 실험실에서 관측하는 ν_e와 ν_μ가 진동하는 존재란 것을 말해 준다. 군이 비유하자면 사람도 비슷한 현상을 보여 준다고 할 수 있다. 보통 여성이나 남성이 가진 남성 호르몬과 여성 호르몬의 양도 시간이 지남에 따라 달라진다고 알려져 있다. 나이가 들면서 여성이 남성화하고, 남성이 여성화하는 것도 성호르몬의 양이 시간의 함수여서 그럴 수 있다고 설명하는 것과 마찬가지다.

중성미자의 맥놀이

입자가 달리는 모습을 동영상으로 촬영하면 어떻게 보일까? 농구공의 궤적이나 축구공이 날아다니는 모습은 연속적이다. 초고속 카메라로 촬영한 총알의 움직임도 크게 다르지 않다. 느린 영상으로 보면 총알은 연속적으로 움직이며 표적을 맞춘다. 농구공도, 축구공도, 총알도 그 어느 것도 양자역학적으로 띄엄띄엄 건너뛰면서 움직이는 물체는 없다. 그런데 원자 속 전자의 운동처럼 아주 작은 세상에는 우리에게 익숙한 궤적 같은 것이 없다. 전자는 한 곳에서 다른 곳으로 순식간에 이동한다. 여기 나타났다 저기 나타났다, 동에 번쩍 서에 번쩍, 나타났다 사라지기를 반복한다.

중성미자의 움직임도 본질적으로는 양자역학적이다. 질량이 있는 중성미자는 마치 파동처럼 움직인다. 사인 곡선이나 코사인 곡선과 같이 물결처럼 나타났다 사라졌다를 반복하면서 중성미자는 날아간다. 이렇게 움직이는 중성미자의 질량은 바로 이 파동의 파장 그리고 주기와 밀접한 관련이 있다.

맥놀이 현상이란 것이 있다. 진동수가 비슷한 파동 두 개가 만나면 두 파동이 서로 겹쳐 진폭이 커지고 파장이 긴 새로운 파동을 만든다. 기타 줄을 조율해 본 사람은 맥놀이 현상을 곧바로 이해할 수 있다. 6번 줄은 낮은 '미'의 소리가 나야 하고, 5번 줄은 낮은 '라'의 소리가 나야 한다. 이 두 줄을 맞추기 위해서는 6번 줄의 5번째 플랫을 누르고, 6번 줄과 5번 줄을 동시에 튕겨 보면 된다. 두 줄이 같은 '라'의 진동수를 낸다면 맥놀이 현상은 일어나지 않고, 일정한 크기의 소리가 울려 퍼질 것이다. 만약 '우웅 우웅' 하면서 소리가 커졌다 작아졌다를 반복하면 이는 맥놀이 현상이 일어나는 것이

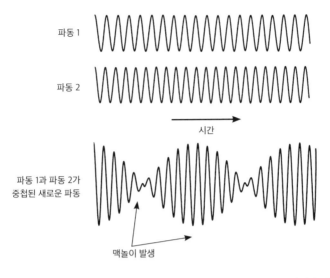

파동 1

파동 2

시간

파동 1과 파동 2가
중첩된 새로운 파동

맥놀이 발생

진동수가 비슷한 두 개의 파동이 겹쳐지면 맥놀이 현상이 일어나 주기가 길고 진폭이 커진 중첩 파동이 생겨난다.

고, 그렇다면 두 줄은 서로 다른 진동수의 소리를 내는 것이다.

중성미자의 경우도 마찬가지다. 중성미자 1과 중성미자 2의 질량이 아주 조금이라도 차이가 나면 맥놀이 현상이 일어난다. 두 입자의 질량이 비슷하면 맥놀이의 파장은 매우 길어질 것이고 차이가 크면 맥놀이의 파장은 짧아진다.

사실 말하고자 하는 중요한 포인트는 따로 있다. 이 중성미자의 맥놀이 현상으로 전자 중성미자는 뮤온 중성미자가 됐다가 다시 전자 중성미자가 됐다를 반복하는 진동 현상을 보인다는 점이다. 따라서 태양에서 출발한 전자 중성미자는 지구로 날아오면서 뮤온 중성미자로 바뀌었다 전자 중성미자로 바뀌었다를 반복하면서 지구로 날아오는 것이다.

그렇다면 태양 중성미자의 수수께끼는 금방 풀릴 수 있다. 태양에서 생성된 전자 중성미자는 1억 5000만 킬로미터를 날아오면서 전자 중성미자와 뮤온 중성미자가 섞인 상태로 지구에 도착하는데, 데이비스 검출기의 염소 핵은 전자 중성미자와는 반응하여 아르곤을 만들지만, 뮤온 중성미자와는 아르곤을 만들지 못하므로 데이비스의 검출기에 잡히지 않게 된다. 즉 태양에서 만들어진 전자 중성미자의 일부가 뮤온 중성미자로 변해 바칼의 이론값과 데이비스의 실험값이 다를 수밖에 없었던 것이다. 게다가 중성미자는 전자 중성미자와 뮤온 중성미자 말고도 타우 중성미자도 있다. 그러니 이 세 중성미자의 섞임을 고려하면 데이비스의 검출기에 걸려들 전자 중성미자는 절반보다 적을 것이었다.

변신하는 중성미자

앞에서 본 바와 같이 입자들은 세대를 이룬다. 렙톤에는 3개의 세대가 있어서 전자, 뮤온, 타우 이렇게 3개의 하전 입자가 있고, 또 전자 중성미자, 뮤온 중성미자, 타우 중성미자의 중성미자 3개가 있다. 전자, 뮤온, 타우 입자는 모두 고유의 질량이 있다.

그에 반해 표준모형에서는 모든 중성미자의 질량을 0으로 간주한다. '간주한다'라는 말은 편의상 세 중성미자의 질량을 모두 0으로 취급하고는 있지만, 질량이 진짜 0은 아니란 말이다. 중성미자의 질량이 0에 가까울 정도로 매우 작은 값이라는 것은 분명하지만, 중성미자가 진동한다는 것은 중성미자의 질량이 0이 아니란 것을 말해 주기 때문이다.

　현재는 중성미자에 질량이 있다고 가정하고, 전자 중성미자, 뮤온 중성미자, 타우 중성미자를 각각 질량 m_1을 가진 중성미자 ν_1, 질량 m_2를 가진 중성미자 ν_2, 질량 m_3를 가진 중성미자 ν_3의 중첩 상태로 보고 있다.

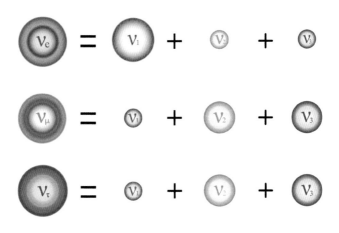

　이렇게 세 가지 중성미자가 섞이는 현상은 행렬을 이용해 간단하게 나타낼 수 있다. 먼저 전자 중성미자(ν_e), 뮤온 중성미자(ν_μ), 타우 중성미자(ν_τ)를 묶어서 하나의 집합으로 표현하고, 또 1번 중성미자(ν_1), 2번 중성미자(ν_2), 3번 중성미자(ν_3)를 묶어서 다른 하나의 집합으로 나타내 보자.

$$\begin{pmatrix} \nu_e \\ \nu_\mu \\ \nu_\tau \end{pmatrix} \qquad \begin{pmatrix} \nu_1 \\ \nu_2 \\ \nu_3 \end{pmatrix}$$

이렇게 3개의 성분을 묶어 하나의 집합으로 표현한 것을 벡터라고 한다. 앞의 그림을 행렬로 나타내면, 한 벡터의 성분은 다른 벡터의 성분 여러 개를 적절히 섞어 나타낼 수 있다는 말이다. 각각의 성분을 어떤 비율로 섞을지는 선택하기 나름인데, 그 혼합 비율을 모아 놓은 것을 혼합 행렬이라고 부른다. 이렇게 벡터와 행렬을 써서 앞의 그림을 나타내면 다음과 같다.

$$\begin{pmatrix} \nu_e \\ \nu_\mu \\ \nu_\tau \end{pmatrix} = \begin{pmatrix} U_{e1} & U_{e2} & U_{e3} \\ U_{\mu1} & U_{\mu2} & U_{\mu3} \\ U_{\tau1} & U_{\tau2} & U_{\tau3} \end{pmatrix} \begin{pmatrix} \nu_1 \\ \nu_2 \\ \nu_3 \end{pmatrix}$$

혼합 행렬에 들어 있는 9개의 숫자 U_{e1}, U_{e2}, U_{e3}, $U_{\mu1}$, $U_{\mu2}$, $U_{\mu3}$, $U_{\tau1}$, $U_{\tau2}$, $U_{\tau3}$는 각각의 재료를 어떤 비율로 섞어야 하는지를 말해주는 숫자라고 할 수 있다. 예를 들어, 간장, 식초, 고춧가루를 어떤 비율로 섞느냐에 따라 서로 다른 맛의 양념장이 나오듯, 이 혼합 행렬은 3개의 재료를 서로 다른 비율로 섞어 서로 다른 세 가지 맛의 양념장을 만들 때 사용하는 레시피라고 할 수 있다. 이 혼합 행렬은 1957년 중성미자의 진동을 처음으로 예견했던 폰테코르보와 1962년 중성미자의 섞임을 수학적으로 연구했던 마키, 나카가와,

사카타의 영문 이름 첫 글자를 따 PMNS 행렬이라고 부른다.

이 PMNS 행렬을 3차원 직교 좌표계를 회전시키는 것에 비유할 수도 있다. 우리가 잘 알고 있는 직교 좌표계의 x축, y축, z축을 적당히 회전하여 새로운 직교 좌표계를 만들 수 있듯이, ν_1, ν_2, ν_3를 각각 x축, y축, z축에 대응시키고, 각 축의 방향을 적절히 회전시키면, 새로운 좌표축에 해당하는 ν_e, ν_μ, ν_τ를 얻을 수 있게 된다. 우선 3차원에서 임의의 방향으로 회전시키려면 회전각이 3개가 필요하다. 먼저 z축을 고정한 상태에서 x-y평면을 회전시키고, 이때 회전시킨 각도를 θ_{12}라 하자. 이렇게 되면 z축은 변화가 없고, x축과 y축만 움직인다. 이렇게 새로 만들어진 축을 각기 x'축과 y'축이라 부르자. 다음으로 새롭게 얻어진 (x', y', z) 좌표계에서, y'축을 고정한 상태에서 x'-z평면을 θ_{13}만큼 회전시킨다. 그러면 x'축은 한 번 더 움직여 x''축이 되고, z축은 처음으로 이동한 것이 되어 z'축이 된다. 끝으로 이렇게 얻어진 (x'', y', z') 좌표계에서, x''축을 고정시키고 y'-z'평면을 θ_{23}만큼 회전시킨다. 이렇게 되면 모든 축이 2번씩 움직이게 된다. 일반적인 3차원 회전이다. 3차원의 회전은 이렇게 3개의 회전각 θ_{12}, θ_{23}, θ_{13}으로 나타낼 수 있다.

PMNS 행렬로 다시 돌아오면, 이들 회전각은 곧 중성미자의 섞임을 나타낸다. 그래서 물리학자들은 이를 섞임각mixing angle이라고 부른다. 그리고 이 섞임각은 중성미자의 질량에 따라 달라진다.

앞에서 본 두 가지 중성미자의 진동 현상과 마찬가지로, ν_e, ν_μ, ν_τ의 세 가지 중성미자도 ν_1, ν_2, ν_3의 중첩 상태로 나타난다. 그 말은 시간의 흐름에 따라 전자 중성미자, 뮤온 중성미자, 타우 중성미자가 서로 바뀔 수 있다는 의미다. 즉 중성미자는 어느 것 할 것 없이 모두 카멜레온처럼 자신의 색깔을 바꿀 수 있는 능력을 가지고 있다. 따라서 맥놀이 현상도 복잡하게 일어나 전자 중성미자와 뮤온 중성미자 사이의 맥놀이, 뮤온 중성미자와 타우 중성미자 사이의 맥놀이, 전자 중성미자와 타우 중성미자 사이의 맥놀이를 모두 관측할 수 있다.

여러 조합에 의해 나오는 두 중성미자 간의 진동 현상을 관측하면 앞서 말한 θ_{12}, θ_{23}, θ_{13}을 결정할 수 있다. 그렇게 되면 중성미자의 질량에 대한 정보를 얻을 수 있다. 대표적으로 일본의 캄랜드KamLAND 실험은 원자로에서 나오는 전자 중성미자가 뮤온 중성미자와 타우 중성미자로 바뀌어 그 수가 줄어드는 것을 관측해 θ_{12}를 측정하였고, 이로부터 1번 중성미자와 2번 중성미자의 질량 차에 대한 정보를 얻어 냈다. 일본의 K2K 실험과 미국의 미노스MINOS 실험은 가속기에서 만들어진 뮤온 중성미자가 먼 거리를 달려 타우 중성미자와 전자 중성미자로 바뀌어 그 수가 줄어드는 것을 측정하여 θ_{23}을 측정했고, 이로부터 2번 중성미자와 3번 중성미자의 질량 차에 대한 정보를 끌어냈다. 또 한국의 리노RENO 실험, 중국의 다야베이Daya Bay, 大亞灣 실험, 프랑스의 더블슈Double Chooz 실험은 θ_{13}을 측정해 내는 데 성공하였다. 이를 통해 리노와 다야베이 실험은 1번과 3번 중성미자의 질량 차이와 2번과 3번 중성미자의 질량 차에 대한 정보를 얻어낼 수 있었다.

정체를 알고 싶다

중성미자는 세상 어디에나 있지만, 중성미자의 질량은 아무데 서나 잴 수 없다. 독일의 카를스루에 대학 연구소에서는 중성미 자 실험을 위해 거대한 측정 장비를 제작했다. 사진은 2006년 집보다 높이 솟은 중성미자 장비가 실험실로 옮겨지는 모습 이다. 거대할 수밖에 없고, 거대할수록 정확한 측정이 가능한 중성미자 실험의 특성이 사진에 잘 드러나 있다.

7장

천문학이 된
중성미자

기초과학에서는 결과를 얻기까지
오십 년 혹은 백 년이 걸릴 때도 있습니다.
오륙 년 안에 성과를 내놓을 수 있을지 여부로 모든 것이
결정된다면 기초과학은 어려움에 빠지고 말 겁니다.

– 고시바 마사토시(1926~2020)

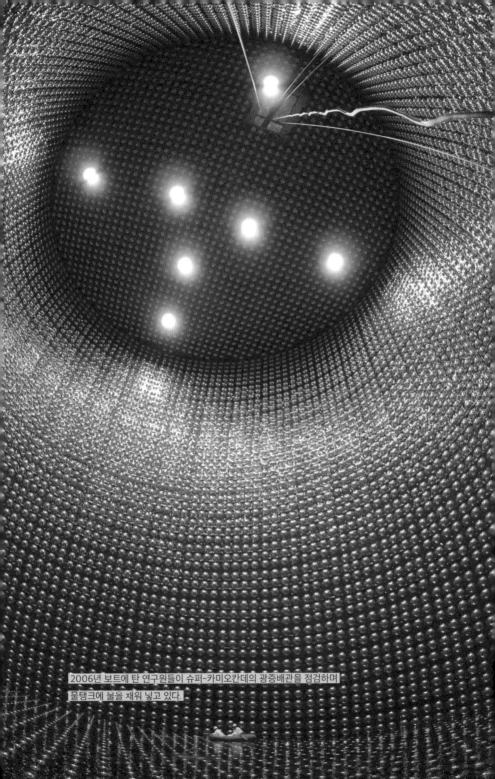

2006년 보트에 탄 연구원들이 슈퍼-카미오칸데의 광증배관을 점검하며
물탱크에 물을 채워 넣고 있다.

중성미자는 어디에서 오는가

중성미자를 처음으로 발견한 라이네스와 코완은 원자로에서 나오는 '반 전자 중성미자'를 검출해 냈다. 또 데이비스는 태양에서 나오는 '전자 중성미자'를 찾아냈다. 하나는 베타붕괴에서 나온 반중성미자고, 다른 하나는 역베타붕괴에서 온 중성미자였다.

그럼 중성미자는 태양과 원자로에서만 만들어질까? 사실 중성미자는 여러 곳에서 만들어진다. 예를 들면, 우리가 살고 있는 지구 땅덩어리 전체가 알고 보면 중성미자 발전소이기도 하다. 땅속에는 우라늄을 비롯해 수많은 방사성 원소가 들어 있고, 이들이 방사성 붕괴를 하면서 중성미자를 내놓는다. 우리 몸도 중성미자를 만든다. 심지어는 바나나도 중성미자를 낸다. 우리 몸과 바나나에는 모두 방사성 핵종인 포타슘 동위원소가 있고, 이들이 붕괴하면서 중성미자를 내놓는다.

우주 또한 중성미자를 만들어 내는 거대한 공장이다. 우주가 빅뱅에서 만들어질 때 엄청난 양의 중성미자가 생겨났을 것이 확실해 보인다. 그리고 이 빅뱅 중성미자가 지금도 온 우주를 가득 채우고 있을 거라 믿어지고 있다. 다만 이들 중성미자는 에너지가 너무 작아 실험에 의해 검출될 가능성은 거의 없어 보인다. 또 별들이 폭발하여 초신성을 만들 때도 대량의 중성미자가 만들어진다. 이들 중성미자는 에너지가 충분히 커서 수만 광년을 지구까지 날아와 검출될 수 있다.

이외에도 수천만 전자볼트를 가진 고에너지 중성미자가 하늘에서 내려오고 땅속에서 올라온다. 대표적인 것이 대기 중성미자다. 대기 중성미자는 고에너지 우주선이 대기와 부딪치며 만들어지는 2차 방사성 입자에서 생성된다. 대기 중성미자의 양은 태양 중성미자에 비하면 적은 양이라고 할 수 있지만, 에너지가 커서 검출하기는 용이하다. 이외에도 상상할 수 없는 큰 에너지를 가진 중성미자들이 우주 어디에선가 생성되어 지구를 향해 날아온다. 엄청난 에너지를 가진 중성미자가 어디서 어떻게 만들어졌는지는 아직까지도 답을 찾지 못한 연구 주제 중 하나다. 이렇게 온 세상은 중성미자로 가득 차 있다고 말할 수 있다.

이렇게 다양한 원천에서 오는 중성미자들이 얼마나 많이, 또 얼마나 큰 에너지를 가지고 날아오는지 아직 명확히 밝혀지지 않았다. 다만 우주론 모델과 천체물리학, 핵물리학 등을 바탕으로 한 몇 가지 이론적 계산과 이제껏 밝혀진 여러 실험 결과의 검증을 거쳐 대략의 그래프는 얻을 수 있다.

중성미자의 수로만 보면 우주 탄생 때 만들어진 중성미자가 다

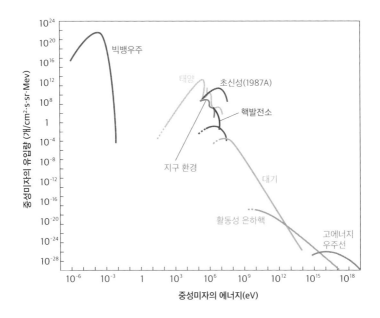

른 어떤 중성미자보다 많다. 태양에서 날아오는 중성미자가 단위 면적 단위시간당 수백조 개라면 빅뱅 중성미자는 그보다 1조 배는 더 많이 날아 들어오니 진짜 우주를 가득 채우고 있다고 할 수 있다. 그래서 빅뱅 중성미자를 우주 배경 중성미자^{Cosmic Neutrino} 라고도 부른다. 우주 배경 복사^{Cosmic Microwave Background}와 비슷한 의미다. 빅뱅 중성미자는 어떤 면에서는 빅뱅 우주론에서 우주 배경 복사보다 더 중요한 역할을 할 수 있다. 왜냐하면 우주 배경 복사가 빅뱅 후 38만 년 이후의 모습을 보여 주는 데 반해, 우주 배경 중성미자는 빅뱅 후 1초 뒤의 모습을 보여줄 수 있기 때문이다. 빅뱅 중성미자가 이렇게 중요하긴 하지만, 문제는 이를 검출하기가 쉽지 않다는 것이다. 통상 중성미자의 에너지가 수십만 전자볼트 이상이 되어야 핵반응이나 전자 산란을 일으킬 수 있기 때문에 수만분의 일 전자볼트밖에 안 되는 빅뱅 중성미자를 관측하는 것은 거의 불가능해 보인다. 그래도 빅뱅 중성미자를 직접 지상에서 관측하려는 실험이 시도되고 있다. 프톨레미PTOLEMY라는 실험팀이 그 주인공으로 이들은 100그램에 달하는 삼중수소를 사용해 우주 배경 중성미자를 검출하려고 노력하고 있다.*

초신성에서 오는 중성미자

초신성의 폭발과 중성자별의 생성을 처음으로 연관 지어 연구한 사람은 발터 바데와 프리츠 츠비키다. 초신성 폭발 이론에 따르면, 태양보다 십여 배 정도 무거운 별은 핵융합 과정을 거치면서 점점 더 무거운 원자핵을 만들어 내고, 종국에 가서는 별의 한가운데에 철이 만들어져 모이게 된다. 철로 된 이 코어는 태양보다 무겁고 온도는 100억 도에 가까운 상태지만, 중력에 의해 강하게 응축되어 크기가 지구 정도로 작아지면서 1밀리리터가 1000톤

---

* 삼중수소는 매우 비싼 물질이다. 1그램에 대략 3000만 원으로, 다이아몬드의 가격과 비슷하다.

이나 되는 극한의 상태에 도달하게 된다. 이때 양성자는 순식간에 전자들을 모두 잡아먹고 중성자가 되면서 철로 된 코어는 수십 킬로미터의 크기로 줄어들어 중성자별이 된다. 급작스럽게 작은 크기로 줄어들기 때문에 이때 강력한 충격파가 생겨나고, 동시에 엄청난 양의 전자들이 사라지면서 그만큼의 중성미자가 생겨난다. 이 중성미자들은 초신성 폭발에서 나오는 에너지의 99퍼센트를 가지고 나온다. 나머지 1퍼센트가 폭발 과정의 운동 에너지로 사용되고, 초신성 폭발 때 나오는 밝은 빛에 들어가는 에너지는 0.01퍼센트밖에 되지 않는다. 초신성 폭발은 사실은 중성미자 폭발인 것이다.

초신성에서 나오는 중성미자는 에너지도 크고 양도 풍부하지만, 이 중성미자로 실험을 수행하는 데는 몇 가지 치명적인 문제가 있다. 가장 먼저 초신성이 언제 터질지 모른다는 점이다. 언제 터질지 모르는 초신성에서 날아오는 중성미자를 관측하겠다고 천문학적 돈을 들여 검출기를 만드는 것은 국가 예산의 엄청난 낭비일 수 있다. 설사 초신성이 터졌다 하더라도 우리 은하계 바깥 아주 멀리서 터지면 아무 소용이 없다. 중성미자의 수는 거리의 제곱에 반비례하여 줄어들 것이므로, 아무리 많은 중성미자가 발생했다 하더라도 초신성의 거리가 멀면 검출해 낼 수가 없다. 그래도 역사 속에는 운이 좋은 사람이 꼭 있기 마련이다. 중성미자 검출기를 만들자마자 초신성이 터졌고, 그것도 우리 은하계 바로 바깥 상당히 가까운 거리에서 터져 꽤 많은 중성미자가 검출된 사건이 일어난

것이다. 다시 오기 힘든 이런 행운을 거머쥔 사람의 이야기는 다음
장에서 하기로 하자.

대기 중성미자

태양 중성미자나 원자로에서 나오는 중성미자 외에 실험적으로
쉽게 접근할 수 있는 또 하나의 중성미자는 대기 중성미자다. 대기
중성미자는 특히 뮤온 중성미자 연구에 유용하다. 태양 중성미자
와 원자로에서 나오는 중성미자가 모두 전자 중성미자인데 반해,
대기 중성미자에는 뮤온 중성미자와 반 뮤온 중성미자가 섞여서
나오기 때문이다.

대기 중성미자가 생기는 근원은 우주선이다. 우주선은 사실상
대부분 고에너지 양성자를 말한다. 고에너지 양성자는 우주에서
지구를 향해 끊임없이 날아들어 온다. 물론 고에너지 양성자가
일부러 지구만을 향해 모여드는 것은 아니다. 양성자는 그저 우
주의 모든 방향으로 여기저기 흘러 다니고 있고, 지구에서 보면
위아래 좌우 구분 없이 사방에서 우주선의 형태로 들어오는 것
이다.

양성자가 지구의 대기 속 원자들과 부딪치면 다량의 2차 입자를
만들어 낸다. 그 중 많은 수가 파이온(파이 중간자)이다. 파이온은
전하를 띤 하전 파이온($\pi^{\pm}$)과 전하를 띠지 않은 중성 파이온(π^0)으
로 나뉜다. 중성 파이온은 2개의 광자로 붕괴하여 중성미자를 내
놓지 않는다. 반면 하전 파이온은 뮤온으로 붕괴하는 과정에서 뮤

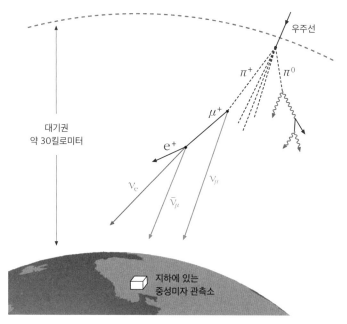

우주선이 대기권으로 들어와 중성미자를 발생시키는 과정이다. 이론적으로는 최종적으로 뮤온 중성미자와 전자 중성미자가 2:1로 생긴다

온 중성미자를 내놓는다. 뒤이어 뮤온은 전자로 붕괴하고, 이때 뮤온 중성미자와 전자 중성미자를 내놓는다. 따라서 하전 파이온이 붕괴하여 사라지면 최종적으로 뮤온 중성미자 2개와 전자 중성미자 1개를 내놓는 셈이 된다. 이와 같은 이론대로라면 대기 중성미자를 측정하면 뮤온 중성미자 대 전자 중성미자의 비가 2:1이 되어야 할 것 같다. 하지만 실제로는 2:1을 넘어갈 걸로 예상되는데, 그 이유는 붕괴하지 않고 땅속 검출기까지 내려오는 뮤온이 일부

　　　　　　　　　　　　　　　　7장 천문학이 된 중성미자

있기 때문이다. 뮤온이 붕괴하지 않고 땅속으로 들어가 버리면 전자 중성미자가 나오지 않는다. 이 경우 중성미자는 파이온이 뮤온으로 붕괴할 때 내놓은 뮤온 중성미자 하나뿐인 셈이 된다. 뮤온 중 일부가 붕괴하지 않기 때문에 뮤온 중성미자 대 전자 중성미자의 비율은 전체적으로는 2:1보다 차이가 더 벌어지게 된다.

　그러나 실제 실험 결과는 예상과 크게 달랐다. 그 이유 역시 중성미자 진동 때문이었다. 뮤온 중성미자는 머리 위 대기권에서 생성돼 땅으로 내려오지만, 지구 반대편 남반부 하늘에서 생성돼 지구를 관통해 반대편 하늘로 나오기도 한다. 우선 하늘에서 내려오는 중성미자의 경우에는 뮤온 중성미자와 전자 중성미자의 비율이 이론값과 잘 맞을 것으로 예상된다. 하지만 지구 반대편 중성미자의 경우에는 중성미자 진동 때문에 뮤온 중성미자가 타우 중성미자로 바뀌게 되고, 그 결과 뮤온 중성미자와 전자 중성미자의 비율이 2:1보다 작아질 것으로 예측되었다. 2015년 노벨물리학상의 핵심 내용 중 하나가 바로 이 대기 중성미자의 성분비에 대한 조사였다. 이 이야기는 슈퍼-카미오칸데 실험을 설명할 때 다시 나온다.

.

카미오칸데

'소 뒷걸음치다 쥐 잡는다'는 속담이 있다. 어떤 일을 하다가 뜻하지 않게 좋은 결과를 얻었을 때, 시기 반 부러움 반에 하는 말이다. 물리학에도 이런 경우가 종종 있다. 이번 장의 주인공 고시바 마사토시도 이런 경우라 할 수 있다. 고시바는 칠흑같이 어두운 땅속에, 거대한 탱크에 물을 가득 채워 놓고, 그 안에서 빛이 나오기를 기다리던 물리학자였다. 물 속에서 빛이 나오다니? 일반인들이 보면 정신 나간 행동으로 보이겠지만, 물리학자에게는 노벨상을 탈 만한 큰 발견이 나올 수도 있는 실험이었다. 하지만 아무리 기다려도 물이 가득 찬 탱크에서는 그가 원하던 빛이 나오지 않았다. 대신 기대도 하지 않았던 뜻밖의 일이 발생했다. 천 년에 한 번 생길까 말까 하는 일이 물탱크 속에서 발생했던 것이다. 이 물탱크로 일본은 두 번의 노벨상을 거머쥔다.

대통일 이론

자연계에 존재하는 기본 힘은 네 가지다. 이 중에서 중력을 제외한 전자기력, 약력, 강력은 표준모형의 틀 안에서 매우 정확하게 기술된다. 특히 전자기력과 약력은 힉스장이 도입되면서 하나의 힘으로 통합적으로 설명되고 있다. 이 힘을 전약력電弱力, electroweak force 라고 부른다. 강력은 양자색역학quantum chromodynamics 으로 기술되는데, 이 역시 전약력과 비슷한 이론적 틀을 가지고 있다. 전약력과 강력이란 두 개의 독립된 이론을 합친 표준모형은 거의 모든 실험 결과와 완벽하게 맞아 들어가며 점점 더 옳은 이론으로 인식되고 있다.

하지만 전자기력과 약력이 통합되어 전약력이 된 것과 같이, 전약력과 강력이 하나의 힘으로 통합되면 더욱 아름다운 이론이 될 거라는 생각들이 나타났다. 즉 전자기력과 약력을 통합할 때와 같이, 에너지가 큰 특정 영역에서는 전약력과 강력이 같은 힘으로 나타나다가, 낮은 에너지로 내려오면 두 힘이 서로 분리되어 나타나도록 새롭게 이론적 통합을 해보자는 생각이었다. 특히 강력의 경우 고에너지 영역으로 갈수록 결합 상수가 작아진다고 알려져 있으므로, 언젠가는 강력이 전약력의 크기만큼 작아져 세 힘 모두 같은 비중으로 작용하는 에너지 영역을 찾을 수 있을 거라는 정황 증거도 있다.

물리학자들은 힘을 전달하는 매개 입자를 수학적으로 다루기 위해 군론group theory이라는 특별한 방법을 사용한다. 군群이란 집합과 비슷한 개념으로, 원소들 간의 연산이 명확히 정의되어 있는 집합을 말한다. 군은 대칭성과 밀접한 관계가 있다. 예를 들어 전자기력은 게이지 대칭성이 있다고 말하는데, 이는 전자기력이 전자기 퍼텐셜의 기준을 어디에 설정하느냐에 따라 달라지지 않는다는 의미를 품고 있다.

쉽게 설명하자면 우리가 100볼트, 220볼트라 부르는 전압은 상대적인 것으로, 이는 0볼트를 어디에 잡느냐에 따라 달라진다. 1만 볼트가 흐르는 고압선에 앉은 참새는 1만 볼트의 전기 퍼텐셜을 느끼지 못 한다. 사람도 새들과 마찬가지로 고압선에 매달려 있다고 바로 죽지는 않는다. 감전이 되려면 한 손은 고압선에 대고 다른 한 손은 전위차가 있는 다른 곳을 만져야 한다. 그래야 전위차 때문에 전압이 높은 곳에서 낮은 곳으로 전류가 흐르게 되고, 이 전류가 몸 속을 통과하며 강한 열에너지를 발생시켜 충격을 주게 된다. 이처럼 전자기력은 전자기 퍼텐셜의 절대값에 의해 정해지는 것이 아니라 전자기 퍼텐셜의 차이에 의해서 결정된다. 따라서 전자기 퍼텐셜의 기준점을 어디로 잡느냐는 그냥 정하는 사람 마음대로라고 할 수 있다. 이를 전자기력의 게이지 대칭성이라 한다. 엿장수 마음대로라는 말처럼 게이지 대칭성이란 엿을 어디서부터 자르든 상관없다는 뜻으로 생각하면 된다.

전자기력의 이런 대칭성은 수학적으로는 유니터리 군$^{unitary\ group}$ U(1)으로 표현한다. 전자기력을 게이지 이론으로 기술하면서 큰 성공을 거둔 물리학자들은 약력과 강력도 게이지 이론으로 만들려고 노력했다. 그 결과 약력과 전자기력을 통합적으로 기술하기 위해 SU(2)×U(1) 대칭군을 도입하게 되었고, 강력을 위해서는 SU(3) 군을 사용하게 되었다.

그럼 전자기력, 약력, 강력을 통합적으로 기술하는 대통일 이론도 게이지 이론을 시도하지 않았을까? 물론이다. 현재 가능한 대통일 이론 중에 대표적인 것이 1974년에 하워드 조자이와 셸던 글래쇼가 발표한 SU(5)이론이다. 이 이론에 따르면 대통일 이론에는 필연적으로 X 보손과 Y 보손이라 불리는 2개의 보손이 존재해야 했다. X 보손과 Y 보손은 마치 W와 Z 보손이 약력을 매개하는 것처럼 쿼크와 렙톤 사이의 상호작용을 매개하도록 설정되어 있었다.

결론적으로 SU(5) 대통일 이론은 표준모형을 그대로 다 수용하고 추가로 X와 Y 보손의 존재를 가정하여 쿼크가 렙톤으로 바뀌는 현상을 예견하고 있었다. 대표적인 것이 바로 양성자 붕괴 현상이다. 예를 들어, 양성자 속 두 개의 위 쿼크가 서로 부딪쳐 X 보손을 만들고, 이렇게 생성된 X 보손이 양전자와 아래 반쿼크로 붕괴하면 양성자는 사라지고 파이온과 양전자 하나만 남게 된다. 이 양성자 붕괴를 식으로 그림으로 나타내면 아래와 같다.

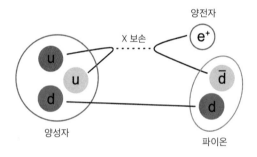

즉, 양성자는 스스로 붕괴하여 양전자 한 개와 중성 파이온 한 개를 남길 것이라는 예측이 가능하다.

이 붕괴 과정을 바탕으로 계산한 양성자의 평균 수명은 약 10^{30}년 정도로 매우 큰 값이다. 10^{30}년은 우주의 나이 1.4×10^{10}년과 비교하면 거의 무한대라고 할 수 있다. 이는 곧 하나의 양성자를 우주가 탄생한 빅뱅 때부터 지금까지 눈이 뚫어져라 쳐다보고 있었다 하더라도, 그 양성자가 붕괴할 확률은 0이라고 단언할 수 있을 정도의 시간이다.

양성자 붕괴를 찾아라

대통일 이론의 가장 큰 특징은 양성자가 붕괴할 수 있다는 점이다. 만약 양성자가 붕괴하기만 한다면 매우 독특한 신호가 나올 것으로 예상된다. 우선 양성자 붕괴로 발생한 양전자는 에너지가 매우 커서 진행 방향으로 체렌코프 빛을 낼 것이라고 예측된다.

체렌코프 빛이란 전하를 가진 입자가 빛보다 빠르게 움직일 때 발생하는 빛을 말한다. 상대성이론에 의하면 빛의 속도는 궁극의 속도다. 그 어떤 물체도 빛보다 빨리 움직일 수 없으므로 얼핏 들으면 말이 안 되는 것 같다. 빛보다 빨리 움직이는 입자가 가능한 이유는 매질에 있다. 빛은 진공에서는 언제나 광속으로 달린다. 하지만 빛이 물질 속에 들어가면 빛의 속도는 그 물질의 굴절률로 나눈 만큼 느려진다. 예를 들어, 물의 굴절률은 1.33이니 물 속에서 빛의 속도는 광속을 굴절률로 나눠준 초속 2.25×10^8미터가 된다. 하지만 고에너지 입자들은 빛과 달리 물질 속에서도 속도가 느려지지 않기 때문에 속도에 역전이 생기게 된다. 이렇게 되면 하전 입자에 의해 생겨난 빛의 파면이 퍼져나가는 것보다 하전 입자가 파면을 더 빨리 빠져 나가기 때문에 일종의 충격파와 같은 현상이 생겨난다. 이렇게 발생하는 빛을 체렌코프 빛이라 하고, 이런 현상을 체렌코프 복사라 부른다. 체렌코프 복사와 비슷한 현상으로 초음속 비행기가 만드는 충격파가 있다. 비행기의 속도가 음속을 넘게 되면, 비행기가 만드는 음파들이 모여 하나의 거대한 공기 벽을 만들고 이 공기의 벽이 관찰자를 지나가게 되면 관찰자는 강한 충격을 받게 된다.

다시 양성자가 붕괴하여 만들어진 고에너지 양전자 이야기로 돌아가, 체렌코프 빛을 내면서 달리는 양전자는 서서히 에너지를 잃다가 마침내 물 속의 다른 전자와 만나 쌍소멸하며 사라진다. 양전자와 전자가 쌍소멸하게 되면 두 입자의 질량에 해당하는 에너지를 갖는 광자 두 개를 내놓을 것이고, 이어 양성자 붕괴 때 남겨진 중성 파이온 역시 금방 두 개의 광자로 붕괴할 것으로 보였다. 따라서 양성자가 붕괴되면 체렌코프 빛과 함께 모두 네 개의 광자가 생길 것이라고 예상할 수 있다.

이처럼 양성자 붕괴 신호는 매우 깨끗해 보이지만, 진짜 문제는 양성자의 평균 수명이 매우 길어 실제로 관측할 수 있을지가 의문스러웠다. 양성자의 수명이 10^{30}년이면 사실상 양성자 1개를 가져다 놓고 양성자의 붕괴를 기다린다는 것은 아무 의미가 없다. 하지만 양성자 10^{30}개 정도를 놓고 실험한다면, 1년에 1개의 양성자 붕괴를 관측할 것이라 예상할 수 있다. 이는 마치 중성미자가 반응을 거의 하지 않는 입자지만 워낙 많은 중성미자가 쏟아지면 그중 1~2개의 중성미자가 검출기에 신호를 남기는 것과 같은 이치다. 그리고 바로 이 아이디어에 착안하여 양성자 붕괴를 실제로 검증

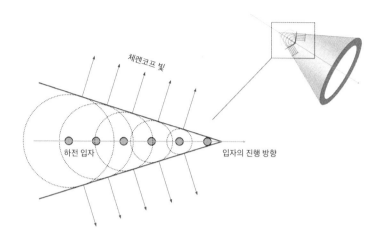

체렌코프 빛

하전 입자

입자의 진행 방향

체렌코프 빛은 하전 입자가 매질 속에서 빛보다 빠르게 진행할 때 발생한다. 이 빛은 원뿔 형태로 나타나, 하전 입자의 진행 방향을 가늠할 수 있게 해준다.

하고자 한 사람이 있었다. 그가 바로 2002년에 중성미자 천문학을 탄생시킨 공로로 일본에 네 번째 노벨물리학상을 안긴 고시바 마사토시였다.

고시바는 자신이 평범한 학생이었고 고등학교 시절 물리 과목에서 낙제한 적도 있다고 스스로 밝히고 있지만, 이후 반년 정도 바짝 공부해 도쿄대 물리학과에 입학하고, 미국에 유학 가서 1년 8개월 만에 최단기로 박사 학위를 받았다고 이야기하는 것을 보면, 앞의 얘기는 일본인 특유의 겸손함의 표현이지 상당히 뛰어난 물리학자였음에 틀림없다. 하지만 그는 여러 차례 자신은 그렇게 뛰어난 물리학자가 아니고 그저 물리학에 대한 열정이 큰 끈기 있

7장 천문학이 된 중성미자

게 노력하는 연구자였을 뿐이고, 또 운이 좋았던 학자라고 자신을 표현하고 있다. 미국 로체스터 대학에서 박사학위를 받은 그는 시카고 대학에서 우주선 연구를 시작했다. 하지만 연구 책임자급으로 성장한 고시바는 미국에 남지 않고 도쿄 대학의 조교수가 되어 일본으로 돌아갔다. 연구 환경이 훨씬 열악한 일본으로 돌아간 이유를 고시바는 소박하게 고향의 밥을 먹고 싶었고, 또 영어보다는 편하게 모국어를 쓰고 싶었다고 말한다. 참으로 솔직한 대가의 모습이 아닐 수 없다.

고시바 마사토시는 대통일 이론이 양성자 붕괴를 예측하고 있다는 것을 알고 있었고, 이를 검증하기 위한 실험을 계획하러 기후현 가미오카의 모즈미 광산을 찾았다. 이 광산은 가미오카 광업이란 회사가 소유한 광산으로 일찍이 고시바는 그 광산 지하에서 우주선 뮤온을 측정하는 연구를 수행한 적이 있었다. 고시바는 이 지하 광산에 커다란 탱크를 설치하고 그 안에 깨끗한 물 1000톤을 담고, 탱크 안쪽 면에 수많은 광증배관을 달아 빛 신호를 검출할 수 있는 검출기를 만들고자 했다. 물은 1몰이 18그램으로 1000톤이면 1백만 킬로그램이나 되어, 이 안에는 물 분자가 0.33×10^{32}개가 들어 있고, 물 분자 하나에 10개의 양성자가 들어 있으므로, 양성자의 개수는 총 3.3×10^{32}개나 되었다. 따라서 양성자의 평균 수명이 10^{30}년이면, 1년에 330개의 양성자 붕괴를 볼 것이라고 예상했고, 따라서 하루에 1개 정도는 신호를 기대할 수 있을 것이라고 생각했다.

고시바의 가미오카 광산 실험은 카미오칸데[KamiokaNDE]라 명명
됐다.* '가미오카'라는 지명 뒤에 붙은 NDE는 Nucleon Decay
Experiment의 앞글자를 따서 만든 것으로, 카미오칸데는 '가미
오카 핵자 붕괴 실험'이란 뜻이 된다. 카미오칸데 실험실 건설은
1982년에 시작되어 이듬해인 1983년 봄에 완성되었다. 카미오칸
데의 원통형 검출기는 고시바가 원래 생각했던 것보다 세 배나 크
게 설계되어 직경이 16미터에 높이가 16미터에 달했다. 이 원통에
는 약 1000개의 커다란 광증배관이 장착됐고, 순수한 물 3000톤
이 채워졌다.

카미오칸데 실험은 1983년에 시작되었다. 하지만 원하던 양성
자 붕괴 사건은 관측되지 않고 의미 없는 잡신호만 잡힐 뿐이었다.
조자이와 글래쇼의 대통일 이론이 맞는다면 1년에 수백 개의 양
성자 붕괴 사건이 나타나야 하는데, 기대했던 사건은 좀처럼 일어
나지 않았다. 일 년이 넘게 실험을 지켜본 고시바는 1985년 실험
을 접고 양성자 붕괴는 관측되지 않았다고 발표했다. 수학적으로
도 훌륭했고, 전약력과 강력의 통합이란 아름다운 꿈을 실현하게
해줄 거라 믿었던 대통일 이론은 카미오칸데 실험에 의해 빛을 잃
고 말았다. 대통일 이론에 열광하던 많은 물리학자들에게는 안타

---

* 카미오칸데는 일본 기후현의 히다에 있는 작은 마을 가미오카神岡에 있다. 외래어
  표기법에 맞춰 표기한 지명 가미오카를 따른다면, 가미오칸데라고 써야 하지만,
  영문명 Kamiokande가 많이 사용되고 있어 '카미오칸데'로 표기했다.

7장 천문학이 된 중성미자

까운 소식이었지만, 실험으로 검증되지 않는 이론은 가차 없이 폐기되는 물리학의 생리를 다시 한번 생생하게 확인시켜 주었다.

중성미자 검출기로 다시 태어나다

양성자 붕괴 현상을 검출하는 데는 비록 실패했지만, 고시바는 이 물 체렌코프 검출기를 제대로 업그레이드하면 중성미자 검출에 이용할 수 있다는 것을 잘 알고 있었다. 물을 사용할 경우에는 태양 중성미자의 에너지가 충분히 크지 않아 산소 핵의 중성자 하나를 양성자로 바꿔 플루오린을 만들어 내는 것과 같은 반응을 기대하기가 힘들었다. 그 대신 중성미자가 물 속에 있는 전자와 부딪쳐 전자를 밀어 내고, 이때 튀어나온 전자가 체렌코프 빛을 냄으로써 중성미자를 검출할 수 있다는 것이 알려져 있었다. 체렌코프 빛을 발생시킬 정도의 전자를 얻기 위해서는 중성미자의 에너지가 5메가전자볼트 이상은 되어야 한다. 다행히도 태양 중성미자 중 붕소 채널에서는 이런 높은 에너지의 중성미자가 발생되므로, 카미오칸데를 이용해서 중성미자를 검출하는 것은 충분히 가능한 일이었다.

물탱크 체렌코프 검출기를 이용한 중성미자 관측의 장점은 중성미자와 전자의 산란 사건이 발생하자마자 신호가 곧바로 나타난다는 점이다. 따라서 물탱크 체렌코프 실험에선 염소-아르곤 실험처럼 방사성 동위원소 원자를 모았다가 추출하여 그 숫자를 일일이 세는 일을 할 필요가 없었다. 체렌코프 빛 신호가 도착하면

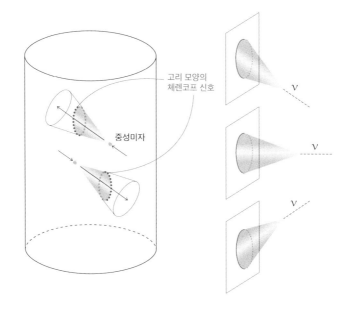

체렌코프 빛이 원통면과 만나서 발생시키는 신호의 모양은 중성미자의 입사 방향에 따라 달라진다

그 즉시 기록이 남고, 그때마다 막대 그래프의 눈금을 하나씩 올리면 끝이었다. 물론 모든 체렌코프 빛 신호가 다 중성미자-전자 산란은 아닐 것이다. 우주선이 만든 빛도 있을 수 있고 물 속에 남아 있는 라돈 같은 미량의 방사성 원소들이 만들어 낸 잡음도 있을 수 있다. 이런 피치 못할 잡음도 막대 그래프에 그대로 담겨 있을 것이므로 나중에 그 양을 적절히 빼서 중성미자의 개수를 세어야 한다.

무엇보다 물탱크 체렌코프 실험의 진짜 장점은 중성미자가 날

7장 천문학이 된 중성미자

아오는 방향을 측정할 수 있다는 것이다. 체렌코프 빛은 원뿔 모양으로 나타난다. 이 원뿔 모양의 빛이 물탱크 안쪽 면에 설치된 광검출기와 만나면 원뿔의 절단면이 원 모양의 신호로 나타난다.

따라서 원통에 나타난 신호로 원뿔의 모양을 유추하면 중성미자의 입사 방향을 결정할 수 있다. 태양 중성미자라면 당연히 태양으로부터 날아올 것이므로 원뿔의 꼭지점이 태양의 중심 방향을 향할 것이다. 만약 원뿔이 태양을 향하지 않는다면 그 중성미자는 어디서 날아온 것일까? 중성미자는 우주선에 의해 대기 중에서도 만들어진다. 이렇게 우주선에 의해 발생되는 중성미자는 방향성 없이 제멋대로라서 태양 중성미자와 금방 구별할 수 있다. 중성미자는 또 초신성이 폭발할 때도 대량으로 만들어진다. 물론 초신성 폭발이야 워낙 드문 현상이기도 하지만, 멀리 떨어져 있으면 지구까지 도달하는 중성미자의 개수가 확 줄어들 것이므로, 초신성 폭발에서 나오는 중성미자 신호는 거의 잡히지 않을 것이다.

물 체렌코프 검출기의 장점을 알고 있는 고시바는 카미오칸데에 담긴 물에서 방사선을 내놓는 라돈과 같은 불순물을 더욱 세밀하게 걸러내기 위해 정수 시스템을 보강하였다. 또 공동 연구 기관인 펜실베이니아 대학 연구팀과의 협력으로 성능 좋은 전자회로 기판도 설치하여, 우주선 중 뮤온에 의한 잡음을 걸러낼 수 있는 시스템도 완성했다. 이로써 고시바는 카미오칸데를 태양 중성미자에 민감하게 반응하는 검출기로 탈바꿈시켰다. 새롭게 탄생한 카미오칸데는 카미오칸데-II라고 명명됐고, 1985년부터 시험 가동

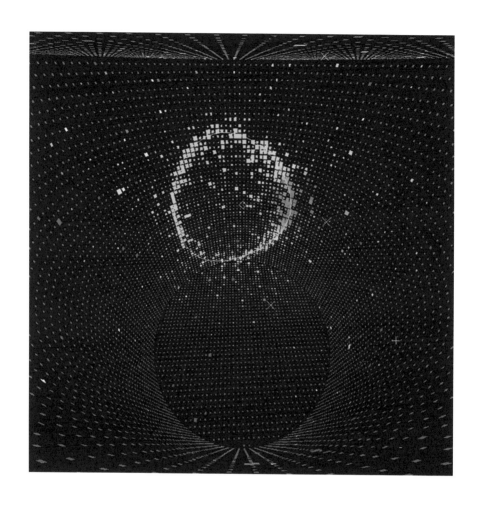

슈퍼-카미오칸데의 내벽에 중성미자에 의한 고리 형태의 체렌코프 빛 이미지가 나타나 있다. 사진의 가운데 아래쪽이 슈퍼-카미오칸데의 물탱크 바닥이고, 맨 위가 물탱크의 꼭대기 부분이다. 내벽의 아래쪽에 고리 이미지가 생겼는데, 아래위로 긴 타원 모양이다. 고리의 형태를 통해 위쪽에서 들어와 반대편 아래쪽으로 진행한 것을 알 수 있다.

에 들어가 1987년부터 본격적으로 데이터를 수집하기 시작했다. 고시바가 조금이라도 늑장을 부려 실험이 몇 달이라도 늦어졌다면, 하마터면 그는 노벨상을 놓칠 뻔했다.

400년 만에 찾아온 행운

1987A 초신성이 발견됐다고 보고된 것은 1987년 2월 24일이었다. 칠레의 라스캄파나스 천문대에서 관측하던 이언 셸턴과 오스카 듀할드가 평소와 다른 별이 나타났다는 것을 알린 것이다. 이언 셸턴은 토론토 대학 소속으로 라스캄파나스 천문대에 상주하며 매일 같이 밤하늘을 촬영하고 있었다. 대마젤란운의 촬영은 쉬운 일이 아니었다. 지금과 같은 CCD 카메라도 아니어서, 오랜 시간 노출이 필요했으며 또 사진을 현상하는 과정도 거쳐야 했다.

셸턴은 그날 밤 사진 현상 중에 건판 위에 낯선 점이 나타난 것을 보았다. 자세히 살펴봤지만 현상 과정에 달라붙은 이물질에 의한 것은 아니었다. 직관적으로 뭔가 놀라운 일이 일어났다는 것을 느낀 셸턴은 이내 망원경을 돌려 새롭게 탄생한 별을 확인했다. 지구로부터 16만 8000광년 떨어진 대마젤란운 바로 옆 타란툴라 성운에서 초신성이 폭발한 것이었다. 같은 시각 또 다른 연구원 오스카 듀할드도 반짝이는 같은 별을 보고 있었다. 이 둘은 급하게 초신성의 발견을 동료들에게 알렸다. 하루 이틀 사이 호주와 뉴질

1987년 2월 23일 1987A 초신성의 폭발 전(왼쪽)과 폭발 후의 하늘 모습. 오른쪽 사진 아래쪽에 초신성 폭발로 생긴 밝은 빛이 생겨난 것을 볼 수 있다.
(Anglo-Australian Observatory/David Malin)

랜드에서 초신성이 발견됐다는 보고가 이어지고 있었다.

대마젤란운이 지구의 남반구 하늘에 위치해 있으니 칠레나 호주에서 먼저 발견된 것은 당연한 일이었다. 1987A 초신성은 겉보기 등급으로 3등성의 밝기까지 환해졌으니 맨눈으로도 식별이 가능할 정도였다. 하지만 샛별처럼 빛날 정도는 아니었으므로 밤하늘에 특별히 관심 있는 사람이 아니라면 초신성이 나타난 걸 눈치챌 수는 없었을 것이다.

1987A 초신성이 특별한 것은 이 초신성이 우리 은하에서 매우 가까운 위치에서 발생했기 때문이다. 16만 8000광년이면 빛의 속도로 16만 년을 넘게 가야 하는 어마어마한 거리이긴 하다. 하지만 우리 은하를 한반도라고 한다면, 대마젤란운은 한반도 바로 옆에 있는 제주도쯤에 해당한다고 할 수 있으니, 이 거대한 우

7장 천문학이 된 중성미자

주의 크기를 생각해 보면 정말 가까운 거리에서 발생한 초신성이라 할 수 있다. 1987A는 우리 은하에서 폭발한 케플러 초신성 SN 1604를 빼고는 가장 가까운 위치에서 발생한 초신성이다. 케플러 초신성이 나타난 것이 1604년이므로, 384년 만에 벌어진 그야말로 천문학적 사건이었다. 1987A 초신성이 우리에게 한층 특별한 의미가 있는 것은 바로 이 초신성이 운 좋게 우리 시대에 터졌기 때문이다.

우선 1987A 초신성은 천문학자들에게 별이 수축을 거듭해 폭발에 이르기까지의 자세한 관측 정보를 제공하였다. 지금도 이 초신성은 천문학자들의 지속적인 관측 대상이다. 이를 통해 초신성이 만들어지고 난 뒤 어떤 변화가 일어나고 있는지 여전히 연구되고 있다. 1987A가 변화하는 모습은 현재도 많은 사람들의 시선을 끌고 있으며, 초신성을 연구하는 천문학자들에게는 더없이 중요한 관측 자료가 되고 있다.

중성미자 천문학의 탄생

1987년 카미오칸데-II 실험이 시작되고 얼마 지나지 않아 고시바는 그의 인생에 기념비가 될 사건을 알리는 뉴스를 접한다. 남반구 하늘에서 새로이 발견된 초신성 1987A에 대한 소식이었다. 바칼은 당시 초신성이 터졌다는 소식을 듣자마자 초신성으로부터 몇 개의 중성미자가 지구에 도달할 것인지에 대해 계산하기 시작했다. 초신성이 폭발할 때 엄청난 양의 중성미자가 쏟아져 나온다는 것을 바칼은 알고 있었다.

물리학계와 천문학계는 달아오를 대로 달아올랐다. 많은 사람들이 초신성에서 나온 중성미자가 카미오칸데나 다른 중성미자 검출기에 반응을 남겼을 것이라고 생각했다. 중성미자 검출기에 아무런 신호도 잡히지 않았다면 오히려 문제가 커질 판이었다. 이제껏 생각해 왔던 별의 구조와 초신성 폭발 메커니즘에 대한 이해가 잘못됐다는 것을 반증하기 때문이었다.

세계표준시 기준 카미오칸데 팀은 조심스럽게 자신들의 데이터를 열어 보았다. 1987년 2월 23일 07시 35분 무렵의 데이터에 놀라운 점들이 찍혀 있었다. 10초 정도의 짧은 시간에 11개의 고에너지 중성미자 신호가 나타나 있었던 것이다. 이는 태양이라도 폭발하기 전에는 기대조차 할 수 없었던 많은 양의 중성미자였다. 물론 태양은 정상이었다. 광증배관이 순간적으로 망가지면서 만들어 낸 가짜 신호나 전자회로의 오작동이 아니라는 것도 확인했다. 카미오칸데-II 실험팀은 점점 더 흥분의 도가니에 빠져들었다. 얼마 지나지 않아 미국의 IMB 실험과 러시아의 박산 중성미자 관측소에서도 각각 8개와 5개의 중성미자가 같은 시각에 발견됐다는 보고가 나왔다. 결론은 하나뿐이었다. 진짜 고에너지 중성미자가 지구 전역으로 밀려 들어온 것이었다. 바로 1987A 초신성에서 나온 중성미자들이었다.

그런데 눈치 빠른 독자라면 뭔가 이상한 점을 발견했을 것이다. 상대성이론에 의하면 빛은 세상에서 가장 빠른 속력을 가지고

7장 천문학이 된 중성미자

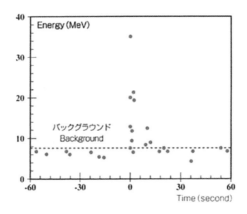

1987년 2월 23일 7시 33분에서 37분 사이에 카미오칸데 검출기에 잡힌 중성미자. 잡음 상한선(점선)위로 중성미자 신호가 확연하게 보인다. 가로축은 시간, 세로축은 신호가 검출된 광증배관의 수로 중성미자의 에너지에 비례한다

있다. 빛보다 빠른 물체는 이 우주에 존재하지 않는다. 우리는 이 것을 상식으로 알고 있는데, 카미오칸데에 고에너지 중성미자 신 호가 관측된 것은 초신성이 실제로 빛나기 시작한 날보다 하루가 먼저였던 것이다.

비 오는 날에도 '번쩍'하고 번개가 먼저 친 뒤, '우르릉 꽝'하고 천둥소리가 들린다. 그런데 초신성은 중성미자가 먼저 도착하고 빛 이 나중에 도달했으니 중성미자가 빛보다 빠르다는 얘기로도 들 릴 수 있다. 하지만 이는 사실이 아니다. 초신성이 폭발할 때 만들 어진 중성미자는 초신성을 순식간에 빠져나와 지구를 향해 곧장 달려오지만, 빛은 여러 복잡한 과정을 거쳐 초신성을 빠져나오기 때문에 지구에 더 늦게 도착할 수 있다. 또 중성미자의 경우에는 검출기에 도착한 시간을 매우 높은 정밀도로 알아낼 수 있는 반면, 망원경으로 관측한 초신성은 상대적으로 긴 시간 간격을 두고 사진을 찍기 때문에, 이 두 관측의 측정 시간을 비교하여 어느 것이 더 빨리 도착했는가를 따지는 것은 큰 의미가 없다.

1987년 2월 23일에 기록된 11개의 고에너지 중성미자의 신호가 초신성에서 온 것으로 밝혀진 후, 고시바는 이 관측을 보고하는 한 편의 리포트를 제출했다. "1987A 초신성에서 나오는 중성미자 분출 현상의 관측"이란 제목의 이 리포트는 중성미자 천문학 시대를 활짝 여는 논문으로 기억되고 있고, 이후 중성미자는 천문학 연구에 없어서는 안 될 새로운 도구가 되었다.

행운은 준비하고 기다리는 사람에게 찾아온다

카미오칸데 실험은 애초에 '양성자는 붕괴하는가'에 대한 답을 찾기 위해 시작되었다. 커다란 물탱크를 만들어 놓고 고사 지내는 마음으로 기다리던 고시바에게 돌아온 것은 부정적인 결과뿐이었다. 올 지 안 올지 몰라 애태우며 기다리는 것과 안 올 거라고 속시원히 포기해 버리는 것은 천지차이다. 아마도 고시바가 마음에 품었던 결과는 아니었겠지만, '그 사람은 안 와요'라며 이제껏 각광받던 대통일 이론에 찬물을 끼얹었으니 나름 보상은 충분했다.

두 번째 카미오칸데 실험은 태양 중성미자의 수수께끼를 풀기 위해 시작되었다. 카미오칸데-II는 업그레이드된 물탱크로 태양 중성미자를 하나씩 모아 나갔다. 카미오칸데-II의 실험 결과가 데이비

7장 천문학이 된 중성미자

스의 실험 결과를 부정하고, 바칼의 이론값을 지지한다면, 기나긴 태양 중성미자 문제에 종지부를 찍을 수 있을 것 같았다. 그러나 결과는 데이비스의 승리였다. 지구에 도착하는 태양 중성미자의 수는 여전히 이론값에 한참 모자랐던 것이다. 태양 중성미자 문제를 해결한 것이 아니라, 태양 중성미자 문제가 '진짜 문제'라는 것을 확인해 주는 결과였다. 하지만 진짜 큰 업적은 초신성에서 나왔다. 카미오칸데-II가 초신성에서 나오는 중성미자를 볼 수 있다는 것을 고시바도 알고는 있었지만, 초신성이 진짜로 터지리라는 것은 짐작도 못 했을 것이다. 결국 카미오칸데-II는 중성미자 천문학을 연 실험이라는 업적을 선명하게 남겼지만, 태양 중성미자가 문제라는 것을 확고히 한 공로는 애석하게도 부각되지 못했다.

고시바는 단지 운이 좋은 사람이었을까? 이에 대한 답은 아주 간단하다. 카미오칸데를 만들고 또 준비하지 않았더라면 초신성 중성미자를 발견하는 행운은 결코 따르지 않았을 거라는 게 너무나도 자명하기 때문이다. 행운은 준비하고 기다리는 사람만이 잡을 수 있는 것이다.

2002년 노벨상은 치열한 기다림의 보상

레이 데이비스와 고시바 마사토시

연구소에 출근하는 88세의 노학자

2002년 10월 8일 필자는 어김없이 브룩헤이븐 연구소 555동으로 출근하여 데이터 분석을 위한 컴퓨터 프로그램을 짜는 데 여념이 없었다. 브룩헤이븐 연구소의 555동은 사실 물리학과 건물이 아니고 화학과에 속한 건물이었다. 필자는 당시 로체스터 대학 소속 연구원으로 고에너지 중이온 충돌 물리 연구를 위해 브룩헤이븐 연구소에서 근무하고 있었다. 브룩헤이븐 연구소는 원래 미군이 제2차 세계 대전 중에 병사들의 훈련 장소로 쓰던 업튼 캠프였다. 군부대를 개조하여 만든 연구소다 보니 건물들은 대부분 병영의 모습을 그대로 간직한 길쭉길쭉한 전형적인 막사 형태였다. 그런 1, 2층 목조 건물에 비하면 555동은 엘리베이터도 갖춘 제대로 된 콘크리트 건물이었고 앞뒤가 널찍하게 트여 풍광도 좋은 곳이었다. 미로 같이 복잡한 510동 물리학과 건물에 비하면 훨씬 현대적이었고, 더욱이 버크너홀이라는 연구소 중앙식당에서도 가까워 화학과 건물에 속해 있다는 것만 빼고는 뭐든 다 만족스러운 건물이었다.

한참 프로그래밍에 몰두해 있었는데, 갑자기 아래층에서 웅성웅성하는 소리가 들려왔다. 무슨 소리인지 확인하러 내려가기에는 프로그램의 결과가 더 궁금했다. 마침 복도를 지나가던 마크 베이커란 친구에게 무슨 일이 있느냐고 물었다. "레이가 노벨상을 탔어." "레이가 누군데?" "직접 알아봐. 아래층에 요즘도 출근하는 분이니까." 며칠 뒤 브룩헤이븐 소식지에는 건물에서 마주치던 할아버지 한 분의 사진과 그가 평생을 바친 태양 중성미자에 대한 연구 업적이 소개되어 있었고, 그해 노벨상이 레이 데이비스에게 주어졌다는 기사가 실렸다. 태양 중성미자 수수께끼란 말은 들어봤어도 관심을 갖고 내용을 들여다본 것은 그때가 처음이었다.

레이먼드 데이비스를 연구소에서는 편하게 레이라고 불렀다. 그가 1914년생이니까 노벨상을 수상한 2002년이면 88세였다. 매일은 아니었겠지만 그는 555동에 출근하여 계속 무언가를 하고 있었다. 그제야 그와 인사를 좀 나눠봐야겠다는 생각에 아래층에 내려갔으나 한동안 그를 볼 수 없었다. 며칠 더 지나 1층 간이 식당에서 열린 조촐한 노벨상 기념 파티에서 잠깐 얼굴을 봤을 뿐이었다.

고시바의 선견지명

2002년의 노벨물리학상은 천문학 발전에 기여한 과학자들에게 돌아갔다. 중성미자 천문학을 탄생시킨 공로로 레이먼드 데이비스와 고시바 마사토시가 노벨상의 절반을 공동 수상했고, 엑스선 천문학을 개척한 공로로 리카르도 자코니가 나머지 노벨상 절반을 수상했다. 중성미자 천문학에 노벨상을 주었으니 당연히 초신성 중성미자를 발견한 고시바와 태양 중성미자를 평생 연구한 데이비스에게 노벨상을 주는 것에는 이견이 있을 수가 없다. 하지만 표준태양모델을 만들고, 지구로 날아오는 중성미자의 개수를 이론적으로 계산하여, 소위 태양 중성미자 수수께끼의 반을 책임져 온 바칼이 노벨상을 같이 받지 못했다는 점은 내내 아쉬움으로 남는다. 그해에는 데이비스와 바칼이 합쳐서 노벨상의 반을 받고, 고시바가 나머지 반을 받아 3명이 공동 수상을 하고, 엑스선 천문학은 다음 해로 미루었어도 좋지 않았을까 하는 아쉬움이 있다. 그렇다고 엑스선 천문학에 기여한 자코니의 업적이 중성미자 천문학에 비해 학문적 우선순위가 밀린다는 이야기는 전혀 아니다.

2002년 고시바의 노벨상 수상 연설을 보면 신기한 대목이 하나 있다. 고시바가 노벨상을 탄 것은 그가 카미오칸데 실험을 통해 중성미자 천문학의 가능성을 열었다는 점에서였다. 하지만 정작 그의 노벨상 강연은 카미오칸데와 초신성에 대한 이야기보다 그 이후에 만들어진 슈퍼-카미오칸데와 중성미자 진동에 관한 자신의 최신 연구가 주를 이루었다. 그의 노벨상 강연은 마치 다음 노벨상에 대한 예고편 같았다. 물론 그의 예견은 들어맞았다. 그날 강연에서 소개했던 슈퍼-카미오칸데 실험의 중성미자 진동 현상은 그로부터 13년 뒤인 2015년에 노벨상의 주인공이 되었다.

제39차 국제 고에너지 물리학회 학술대회ICHEP는 2018년 서울에서 열렸다. 입자물리학 분야의 최대 학회인 ICHEP은 그 명성답게 널찍한 코엑스 행사장을 물리학자들로 가득 채웠다. 학술대회 만찬에는 세계적인 물리학 연구소의 소장들이 빠짐없이 초청됐는데, 그 자리에는 일본 고에너지가속기연구기구^{KEK}의 소장인 야마우치 마사노리도 있었다. 그의 옆자리에서 같이 식사를 하던 필자가 중성미자에 대한 교양과학서를 쓰고 있다는 이야기를 듣고 마사(마사노리의 애칭)는 큰 관심을 보였다. 중성미자는 일본에서 뿌리가 깊은 연구인데 한국에서 교양서를 쓴다고 하니 도와주고 싶다는 덕담과 함께 필요하면 고시바와의 인터뷰도 주선해 줄 수 있다는 약속을 해주었다.

ICHEP가 끝나고 그해 겨울에 정식으로 편지를 보내 고시바와의 인터뷰를 요청하였다. 마사는 고시바가 92세인데다 건강이 많이 안 좋아져서 인터뷰를 하더라도 자택에서만 가능하고, 또 그의 부인이 힘들어한다는 소식을 전해 주었다. 물론 인터뷰를 꼭 원한다면 가능은 하다고 덧붙이기는 했지만, 필자의 욕심만 채울 수는 없었다. 아쉽지만 고시바의 제자인 가지타가 노벨상을 탔고 또 한국을 자주 방문하므로 슈퍼-카미오칸데에 대한 이야기는 그로부터 충분히 들을 수 있었지만, 고시바와 이야기를 나누는 일은 결국 성사되지 못했다. 고시바에게 꼭 물어보고 싶었던 질문이 몇 가지가 있었지만 굳이 답을 듣기보다 그냥 질문으로 남겨 놓는 것도 좋겠다는 생각이 들었다.[*]

---

[*] 고시바는 2020년 11월 12일에 세상을 떠났다.

8장

중성미자의 변신을
목격하다

(기초과학에 대한) 투자로 우리는 세상에 대한 지식 수준을
근본적으로 향상시키고, 과학 프로젝트에 관심이 있는
뛰어난 학생들에게 탁월한 교육을 제공하고,
또 까다로운 실험을 위해 개발한 혁신적인 기술을 얻을 수 있습니다.

- 아서 맥도널드(1943~)

서드베리중성미자관측소의 구형 구조물에 광증배관이 설치된 모습이다.
이 구조물 안쪽에 아크릴 물탱크가 들어 있다.

슈퍼-카미오칸데

1987년 초신성 관측으로 대박을 터트린 카미오칸데 연구진은 본격적으로 중성미자 연구에 뛰어들게 된다. 하지만 가지고 있는 카미오칸데 검출기로 제대로 된 중성미자 실험을 수행하기에는 무리가 따랐다. 우선 물 체렌코프 검출기가 5메가전자볼트의 고에너지 중성미자에만 반응하기 때문에 태양 중성미자의 극히 일부만 관찰할 수 있다는 단점이 있었다.

세상에서 가장 큰 물탱크를 만들어라

태양 중성미자 관측을 제대로 하기 위해서는 중성미자를 더 많이 검출해야만 했다. 중성미자 자체가 워낙 반응을 안 하는 입자라 더 많은 중성미자를 검출하기 위해서는 더 큰 검출기를 만드는 방법밖에는 없었다. 10배 큰 검출기를 만들자면 3만 톤, 20배 더 큰 검출기를 만들자면 6만 톤의 물을 담아야 했다. 카미오칸데 팀이 내린 최종 결론은 5만 톤짜리 검출기를 만들자는 것이었다.

직경 40미터, 높이 40미터의 거대한 물통인 슈퍼-카미오칸데에 물을 채우며 보트 위에서 광증배관을 점검하고 있다. 빽빽하게 채워져 있는 반짝이는 유리 구슬이 광증배관이다. 광증배관 하나의 직경은 약 51센티미터다.

5만 톤의 물을 담기 위해서는 직경 40미터, 높이 40미터의 거대한 물통이 필요했다. 커다란 물통을 만드는 일은 크게 어려운 일은 아니었다. 진짜 문제는 물통의 내벽에 설치할 광증배관 구매에 필요한 예산이었다. 직경 40미터, 높이 40미터의 거대한 물통 내벽에 설치할 광증배관의 수는 1만 3000개였다. 당시 가격으로 광증배관 1개가 200~300만 원에 달했으므로 광증배관 구매에만 수백억 원의 예산이 필요했다. 인류 역사상 가장 큰 물탱크를 만들겠다는 이 프로젝트에는 슈퍼-카미오칸데Super-KamiokaNDE란 이름이 붙여졌다. 짧게 줄여서 'Super-K' 또는 'SK'라고 부르기도 한다.

일본 정부는 신속하게 움직였다. 슈퍼-카미오칸데를 건설하자는 물리학계의 제안을 받은 문부과학성은 1000억 원에 달하는 건설 비용을 전격적으로 승인했다. 곧바로 1991년 12월 지하 실험실 공간을 마련하기 위한 굴착이 시작되었다. 1994년 6월 완성된 지하 실험실에 커다란 물탱크가 만들어졌고, 광증배관이 부착되기 시작했다. 1996년에 물을 채워 넣고 마침내 중성미자 관측에 착수하게 되었다.

땅속 깊이 들어가야 피할 수 있다

높이 41.4미터, 지름 39.3미터의 원통에 5만 톤의 물을 담은 초대형 검출기의 위력은 대단했다. 이전의 카미오칸데에 비해 같은 시간 동안 중성미자를 20배나 많이 관측할 수 있었다. 20배란 숫자가 그리 커 보이지 않을지도 모르겠지만 실험물리학자에게는 엄

8장 중성미자의 변신을 목격하다

청나게 큰 숫자다. 왜냐하면 20년 동안 해야 할 실험을 1년 만에 끝낼 수 있기 때문이다.

슈퍼-카미오칸데의 검출기는 크게 두 부분으로 나뉜다. 하나는 슈퍼-카미오칸데에서 가장 중요한 부분으로 중성미자의 상호작용을 기록하는 내부 검출기이고, 다른 하나는 내부 검출기로 유입되는 불청객 입자가 있는지 없는지를 판별하는 외부 검출기다. 여기서 불청객 입자는 중성미자가 아니면서 여러 가지 잡음을 일으키는 입자를 말한다. 슈퍼-카미오칸데가 묻혀 있는 깊은 땅 속에서 불청객 입자라면 우주선 중 뮤온이라고 보면 된다.

고에너지 우주선이 지구로 날아와 대기 속 원자에 부딪치며 만들어진 뮤온이 지상까지 쏟아져 내려온다는 얘기는 앞에서 했다. 바로 이 우주선 뮤온이 지상까지 내려올 뿐 아니라 지하 1000미터까지 뚫고 들어가 불청객이 되는 것이다. 라이네스와 코완의 실험을 괴롭혔던 것도 바로 이 우주선 뮤온이었고, 데이비스의 실험을 방해한 것도 이 뮤온이다. 뮤온의 개수는 지하로 들어갈수록 점점 줄어들기는 한다. 그러나 웬만큼 땅속 깊숙이 들어가도 뮤온을 완전히 차단할 수 없다. 가령 슈퍼-카미오칸데처럼 지하 1000미터까지 들어갔다 하더라도 제곱미터당 1년에 2만 개 정도는 들어온다. 중성미자 사건의 수에 비하면 실로 어마어마한 숫자다. 이보다 더 깊은 홈스테이크 광산이나 서드베리 지하 실험실까지 내려가면 1년에 100여 개 정도로 줄일 수는 있다. 중성미자를 연구하는 과학자들이 가급적 더 깊은 지하로 들어가려고 하는 데는 나름 다 이유가 있다.

노벨상을 결정한 한 장의 그래프

슈퍼-카미오칸데는 1996년에 시작해서 1998년 봄까지 총 530일 동안 가동하여 약 5400개의 대기 중성미자 신호를 모았다. 이 데이터를 분석한 결과가 1998년에 열린 제18차 국제 중성미자 학술대회Neutrino'98에서 발표됐다. 이때 발표된 슬라이드를 잠시 들여다보도록 하자.

이 슬라이드에는 2개의 그래프가 들어 있다. 위쪽 그래프는 전자 중성미자의 개수 분포, 아래는 뮤온 중성미자의 개수 분포를 보여준다. 중요한 것은 각각의 중성미자 개수를 각도의 함수로 보여준다는 점이다. 그림의 수평축에 $\cos\theta$라고 표시되어 있는데, 왼쪽 끝이 -1이고 오른쪽 끝이 1이다. 물탱크의 정중앙에서 위로 향하는 방향을 +z축 방향이라 하면, $\cos\theta = 1$이면 $\theta = 0°$이므로 중성미자가 천정에서 날아오는 것을 말한다. 따라서 중성미자가 물탱크 위에서 들어와 바닥으로 내려가는 것이라, 중성미자 신호가 바닥에 있는 광검출기에 잡힌 사건들이다. 반대로 $\cos\theta = -1$인 것들은 $\theta = 180°$이므로 중성미자가 슈퍼-카미오칸데의 바닥에서 들어오는 것을 말한다. 바닥에서 들어온다는 이야기는 지구 반대편에서 생성된 중성미자가 지구를 관통해서 카미오칸데를 통과해 하늘로 올라간다는 것이다. 이를 보는 사람이 헷갈리지 않게 그림 위 왼쪽에 "Up-going", 오른쪽에 "Down-going"이라 친절하게 표시해 놓았다. 두 그림 속에 보이는 체크무늬 박스는 이론에 따라 계산된 중성미자의 수이고, 십자선으로 표시된 것은 슈퍼-카미오

8장 중성미자의 변신을 목격하다

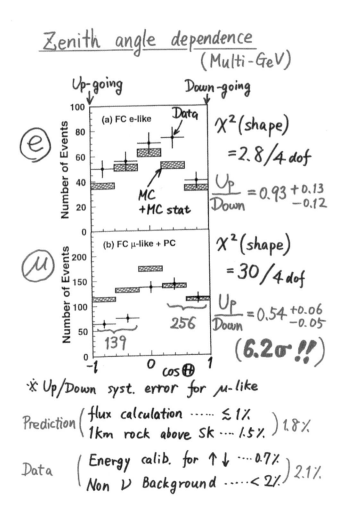

1998년 6월 일본 다카야마에서 열린 국제 중성미자 학회에서 가지타 다카아키 교수가 슈퍼-카미오 칸데의 대기 중성미자 분석 결과를 발표하며 사용한 OHP 슬라이드. 지구 반대편에서 땅속을 뚫고 들어와 슈퍼-카미오칸데를 통과해 하늘로 날아가는 뮤온의 수가 줄어들고 있다는 것을 알 수 있다. 중간에 통계적으로 확실하다는 '6.2 시그마' 부분이 굵게 표시되어 있다.

칸데의 실제 측정값이다.

이 그림에서 관전 포인트는 바로 다음이다. 전자 중성미자의 경우에는 중성미자 수의 이론값과 측정값의 형태가 크게 다르지 않다. 하지만 뮤온 중성미자의 경우에는 아래로 내려오는 측정값은 이론값과 잘 맞지만 위로 올라가는 측정값은 이론값에 비해 한참 작다. 전자 중성미자의 경우에도 불일치를 보이는 부분이 있지만 이는 통계적으로 언제든 나타날 수 있는 현상이고, 뮤온 중성미자의 경우처럼 확실한 좌우 비대칭은 보이지 않는다.

그렇다면 이 측정 결과로 내릴 수 있는 결론은 무엇일까? 밑바닥에서 올라오는 뮤온 중성미자의 측정값이 이론값보다 작다는 것은 결국 지구를 관통하는 동안 뮤온 중성미자가 사라져 버렸다는 것을 뜻한다. 이는 곧 태양 중성미자의 진동뿐 아니라 대기 중성미자도 진동한다는 의미이기도 하다. 슈퍼-카미오칸데는 이 데이터 분석을 통해 뮤온 중성미자가 먼 거리를 날아가면서 50퍼센트 정도는 사라져 버리고, 사라진 중성미자는 대부분 다른 중성미자로 바뀌었다는 결론을 내렸다.

1998년 국제 중성미자 학회에서 뮤온 중성미자가 진동한다는 슈퍼-카미오칸데 실험 결과를 발표한 사람은 가지타 다카아키였다. 그는 슈퍼-카미오칸데의 대기 중성미자 연구를 이끌고 있었다. 가지타의 발표가 있자 학회에 참석했던 학자들은 일제히 탄성을 질렀다. "노벨상이네!" 뮤온 중성미자의 진동을 확실하게 입증했으니, 노벨상을 받을 것이냐 못 받을 것이냐는 문제가 아니었다. 언제 노벨상을 받느냐가 문제였다.

땅속에서 태양을 보다

핵융합 반응에서 생성되는 태양 중성미자의 에너지는 대부분 2메가전자볼트보다 작다. 중성미자가 물 속의 전자를 밀어내 체렌코프 빛을 만들기 위해서는 중성미자의 에너지가 최소 5메가전자볼트는 되어야 하므로, 슈퍼-카미오칸데는 태양 중성미자를 연구하는 데 적합해 보이지 않았다. 하지만 태양의 핵융합 과정에는 개수는 비록 작지만 고에너지 중성미자를 발생시키는 과정이 있다. 예를 들면 붕소 핵이 베릴륨 핵으로 바뀌는 과정에서 나오는 중성미자는 체렌코프 신호를 만들기에 충분한 에너지를 갖고 있다. 그래서 많은 수는 아니더라도 슈퍼-카미오칸데로 태양 중성미자를 검출하는 것이 가능했다.

슈퍼-카미오칸데가 태양 중성미자를 연구하는 데 단점만 있는 것은 아니다. 체렌코프 빛은 원뿔형으로 나오는데 원뿔의 꼭지점이 입자의 진행 방향을 알려준다. 따라서 슈퍼-카미오칸데에서는 체렌코프 빛으로부터 중성미자가 날아오는 방향을 알 수 있다. 이는 엄청난 장점이다.

슈퍼-카미오칸데가 수집한 태양 중성미자의 각분포를 한번 살펴 보자. 여기서 각 θ_{sun}은 중성미자가 날아오는 방향과 태양 사이의 각을 말한다. 즉 중성미자가 오는 방향이 태양이 내리쬐는 방향과 같으면 $0°$이고, 반대 방향이면 $180°$가 된다. 태양의 방향은 슈퍼-카

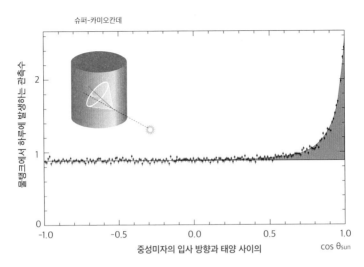

슈퍼-카미오칸데

중성미자의 입사 방향과 태양 사이의   cos θsun

물탱크에서 하루에 발생하는 관측수

슈퍼-카미오칸데가 관측한 태양 중성미자의 입사 방향을 태양의 위치와 비교해 보았다. 중성미자의 대부분이 태양 방향에서 오고 있다.

미오칸데가 설치된 지역의 위도와 경도, 날짜와 시간만 알면 쉽게 구할 수 있다. 그림에서 보듯이 태양 중성미자는 대부분 태양의 시선 방향으로부터 온다는 것을 알 수 있다. 당연한 이야기지만, 이들 중성미자가 태양에서 온다는 것을 증명하는 것이기도 하다.

놀라운 것은 슈퍼-카미오칸데가 땅 속 1000미터 속에 들어 있다는 사실이다. 슈퍼-카미오칸데는 칠흙같이 어두운 땅속에서 낮이든 밤이든, 태양이 머리 위에 있든 아니면 지구 반대편 땅 밑 방향에 있든 항상 태양을 관찰할 수 있다. 중성미자는 무엇이든 뻥 뻥 뚫고 지나갈 수 있기 때문이다. 결론적으로 땅 속에서 태양 관

8장 중성미자의 변신을 목격하다

슈퍼-카미오칸데가 관측한 중성미자의 각분포를 이용하여 구현한 태양의 모습이다. 중성미자는 핵융합 반응에서 나오기 때문에 이 사진은 핵융합이 일어나고 있는 태양의 중심부를 보여 준다고 할 수 있다. 하지만 각분해능이 높지 않아 이로부터 태양 코어의 실제 크기를 유추해 낼 수는 없다.

측이 가능하다는 말이다. 게다가 슈퍼-카미오칸데는 중성미자로 태양을 보는 것이기 때문에, 태양의 겉모습을 보는 것이 아니고 태양 내부 코어 속 핵융합이 일어나고 있는 곳을 직접 보고 있는 것이다. 물론 중성미자 검출기의 각분해능이 높지 않아 이 데이터로 태양에서 핵융합이 벌어지는 곳을 고해상도로 촬영하는 데는 한계가 있다.

위 사진은 앞에 나온 태양 중성미자 분포 그래프를 시각화한 것이다. 중성미자의 입사 방향과 태양 사이의 각도를 2차원 평면에 그려 넣은 것이다. 놀랍게도 이글거리는 태양을 볼 수 있다. 가운데 가장 환한 부분이 핵융합이 벌어지는 곳이라고 할 수 있다. 하지만 이 그림에서 가운데 노란 부분이 핵융합이 벌어지는 태양 코어Core의 모습이라고 말할 수는 없다. 중성미자의 각분해능이 높지 않아 그림에서 코어의 크기를 유추해 내는 것이 쉽지 않기 때문이다. 오히려 이 그림은 태양의 코어가 넓게 확대되어 퍼져 보이는 것으로 생각하는 것이 맞다.

서드베리중성미자관측소

캐나다에는 슈퍼-카미오칸데보다 2배나 더 깊은 곳에 중성미자 관측 시설이 있다. 이 중성미자 관측 시설은 온타리오주 서드베리라는 동네에 있어 서드베리중성미자관측소^{Sudbury Neutrino Observatory, SNO}라고 부른다. SNO는 크레이튼 니켈 광산 속 지하 2073미터에 있으니 잘 알려진 중성미자 관측시설 중에서는 가장 깊은 곳에 위치해 있다.[*]

크기로만 따지면 SNO는 슈퍼-카미오칸데보다 훨씬 작다. 슈퍼-카미오칸데의 물탱크는 직경 40미터, 높이 40미터의 거대한 원통으로 5만 톤의 물을 채울 수 있는 반면, SNO의 물통은 직경 12미터의 공 모양으로 생겼고 이 안에는 물 1000톤이 들어 있다. 물 부피로만 따지면 50분의 1밖에 되지 않는다. 얼핏 보면 이렇게 작은 부피의 물탱크로 슈퍼-카미오칸데와 중성미자 검출을 놓고 경쟁을 하기에는 역부족인 것 같다. 하지만 SNO에는 아주 특별한 비장의 무기가 숨겨져 있다. 바로 이 물탱크를 채우고 있는 물이

---

* 엄밀하게는 레이먼드 데이비스가 실험했던 홈스테이크 광산 속에 3M이란 실험이 더 깊은 곳에 있고, 인도가 추진했던 INO 실험도 더 깊은 곳에 위치해 있다.

그냥 물이 아니란 점이다. 물이면 물이지 그냥 물이 아닌 다른 종류의 물도 있단 말인가? SNO가 쓰고 있는 물은 중수重水, heavy water로, 이름 그대로 무거운 물이다. 중수가 왜 중성미자 실험에 특별한 역할을 하는지는 조금 있다 설명하기로 하고, 중수가 어떤 물인지 먼저 알아보자.

무거운 물

중수는 얼핏 보아서는 보통의 물과 똑같다. 물처럼 투명하고 영하로 내려가면 얼고 섭씨 100도가 되면 끓는다.* 보통의 물은 화학식이 H_2O인데, 중수는 D_2O라 표기한다. 수소를 나타내는 원소 기호 H가 ^1_1H(원자번호 1, 질량수 1)라면, D는 ^2_1H(원자번호 1, 질량수 2)인 셈이다. 기호 D는 Deuterium에서 왔고 우리말로는 중수소라고 부른다. 결론적으로 물 분자는 산소 원자 1개와 수소 원자 2개로 구성되어 있고, 중수의 분자는 산소 원자 1개에 중수소가 2개 붙어 있는 구조를 갖고 있다.

중수소에 대해서 조금 더 알아보자. 수소는 양성자 1개와 전자 1개로 이루어져 있다. 반면 중수소는 중양성자 1개와 전자 1개로 되어 있다. 여기서 중양성자deutron란 양성자 1개와 중성자 1개가 묶여 있는 상태를 말한다. 다시 말해, 중수소는 수소의 동위원

---

* 중수의 어는점은 섭씨 3.8도, 끓는점은 101.4도다.

중수로 만든 얼음과 일반 물로 만든 얼음을 보통
의 물에 넣으면, 일반 물로 만든 얼음은 우리가
익히 아는 것처럼 물 위로 뜨지만, 중수로 만든
얼음은 물 아래로 가라앉는다.

소다. 동위원소란 말만 듣고 방사성 원소를 떠올릴 필요는 없다.
중수소는 방사성 물질이 아닌 안정적인 원소다.[**] 양성자와 중성
자의 질량은 거의 비슷하므로 중양성자의 질량은 양성자 질량의
2배라 할 수 있다. 보통 전자의 질량은 양성자나 중성자의 질량에
비해 무시할 수 있으므로, 중수소는 보통의 수소보다 2배 더 무
겁다. 따라서 보통 물과 중수 1몰의 질량을 계산해 보면 물은 18그
램이 되고 중수는 20그램이 된다. 보통 물 한 컵이라고 하면 180밀
리리터를 말하는데, 무게를 재면 180그램이다. 반면 중수 180밀리

[**] 삼중수소Tritium도 있다. 삼중수소는 T라고 쓰고 $^3_1$H으로도 표시한다. 삼중수소는
양성자 1개에 중성자 2개가 붙어 만들어진다. 삼중수소는 중수소와 달리 방사성
물질이다. 빛을 내는 야광 시계에도 쓰이고, 원자탄이나 핵융합에도 사용되므로
전략적으로 매우 중요한 물질이다.

리터는 눈으로 봐서는 똑같은 한 컵이지만 200그램이 나온다.

중수는 보통의 물에 소량 포함되어 있다. 우리 몸의 대부분을 차지하고 있는 것은 물인데, 일반적인 성인의 몸에 들어 있는 물 중 약 5~6그램은 중수다. 중수는 물과 화학적 특성이 거의 같으므로, 중수를 소량 마셨다고 해서 큰 문제가 생기지는 않는다.

우리에게 가장 많이 알려진 중수의 사용처는 원자력 발전소다. 중수로라 불리는 원자로는 중수를 중성자 감속제이자 냉각제로 쓴다.* 중수는 물을 정제하여 얻기 때문에 순도에 따라 가격이 천차만별이며 순도가 높은 중수는 가격이 매우 비싸다. 원자로에 사용되는 중수가 리터당 30~40만 원 선이라고 하니 매우 비싼 물이라 할 수 있다.

중수, 중성미자, 중성흐름의 삼중주

중수가 중성미자 검출에 특별한 역할을 하리라는 것을 알아챈 사람은 중국계 미국인 물리학자 허버트 첸이다. 첸은 중국에서 태어나 어릴 때 미국으로 이민을 왔다. 줄곧 장학생으로 공부하고 캘리포니아 공과대학(칼텍)에 진학하여 물리학을 전공했다. 칼텍에서 학부를 마치고 프린스턴에서 박사 학위를 한 첸은 다시 캘리포니아로 돌아와 어바인 캘리포니아 주립대학에서 박사후연구원 생활을

---

* 우리나라에서는 월성 1, 2, 3, 4호기가 중수로로 운영되고 있다.

시작했다. 그곳에서 첸이 일하게 된 곳은 다름 아닌 라이네스 그룹이었다. 첸이 중성미자와 연을 맺게 된 순간이었다. 당시 라이네스는 로스앨러모스 연구소를 그만 두고 어바인에서 교수로서 새로운 삶을 시작하고 있었고, 여전히 중성미자 연구에 몰두해 있었다.

1972년 로스앨러모스 연구소에 LAMPF^{Los Alamos Meson Physics Facility}라 불리는 가속기 시설이 만들어지자, 첸은 가속기에서 나오는 중성미자로 어떤 새로운 실험을 해볼 수 있을까 궁리했다. 첸은 중성미자가 전자와 탄성 산란하는 것을 증명해 보고 싶었다. 이는 새로운 약력의 형태를 증명하는 것으로 그때까지 아무도 중성미자의 탄성 산란을 검증한 적은 없었다.

중성미자가 전자와 탄성 산란한다는 것은 중성미자와 전자가 부딪쳐 중성미자와 전자 그대로 튀어나오는 것을 말한다. 이를 $W^{\pm}$ 입자를 주고받는 파인먼 도표로 그려보면 어떤 물리 과정이 일어나고 있는지 한눈에 알 수 있다.

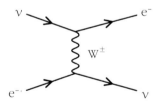

이 파인먼 도표가 나타내는 물리 반응은 사실 중성미자와 전자가 서로 튕겨 나가는 것이 아니고, $W^{\pm}$ 입자를 매개로 중성미자는

8장 중성미자의 변신을 목격하다

전자로, 전자는 중성미자로 바뀌는 것이다.

실제로 중성미자와 전자가 서로 튕겨 나가는 파인먼 도표도 그릴 수 있다. 이 경우에는 중성미자와 전자가 서로 바뀌지 않고 자신의 신분을 그대로 유지한다. 그래서 $W^{\pm}$ 입자의 교환처럼 전하를 주고받아서는 안 되니 전하가 없는 중성 매개 입자가 필요하다. 전자기 현상이 전류, 즉 전하의 흐름에서 나오는 것처럼, 전하의 변화 없이 약한 상호작용이 일어나는 경우를 중성 약흐름^{weak neutral current}, 줄여서 중성흐름^{neutral current}이라 부른다. 중성흐름을 통해 중성미자와 전자가 탄성 산란하는 것을 파인먼 도표로 그려보면 아래와 같고, 여기서 약한 힘을 매개하는 입자를 Z^0 보손이라 부른다.

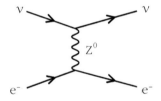

첸은 LAMPF 가속기에서 다량의 중성미자가 만들어진다는 것을 알고 이 중성미자 빔을 사용해 중성미자와 전자의 탄성 산란이 실제로 일어나는지 관측해 보고자 했다. 수년간의 치밀한 연구 끝에 그가 제출한 실험 제안서는 1978년 미국의 국립과학재단의 최종 승인을 받게 되고, 마침내 첸은 실험에 착수하게 된다. 실험을 시작한 지 얼마 지나지 않아 첸은 중성미자가 $W^{\pm}$ 입자를 주고받는 하전흐름뿐 아니라, Z^0를 주고받는 중성흐름에 의해서도 전자와 산란할 수 있다는 것을 보란 듯이 입증해 냈다. 이론물리학자였던 첸이 실험물리학자로서 첫 타석에 홈런을 날리는 화려한 데뷔를 한 것이다.*

중성미자-전자 탄성 산란 실험으로 큰 성공을 거둔 첸은 거기서 멈추지 않았다. 당시는 태양 중성미자 문제가 물리학자들 사이에서 본격적으로 논의되던 시기였다. 데이비스의 실험이 잘못되었는지, 바칼의 계산이 잘못된 것인지를 놓고 설왕설래하는 동안 태양 중성미자 문제는 어느덧 물리학의 주요 해결 과제 중 하나로 떠올랐다. 약한 상호작용을 연구하는 이론물리학자로서, 또 중성미자 실험에서도 성공을 거둔 실험물리학자로서 첸이 태양 중성미자 문제에 관심을 갖게 된 것은 너무나 자연스러웠다.

1984년 첸은 태양 중성미자 문제를 풀 엄청난 아이디어를 떠올린다. 태양 중성미자를 검출하기 위해 중수를 사용해 보자는 것이었다. 그 때 이미 물 속에서 일어나는 중성미자-전자 산란으로 태양 중성미자를 관측할 수 있다는 것이 알려져 있었다. 첸은 이 물을 중수로 바꾸면 완전히 새로운 경지의 실험이 가능하다고 생각했다.

중수에는 중양성자와 전자라는 2개의 입자가 들어 있으므로,

---

* 그렇다고 첸이 중성흐름을 최초로 발견한 것은 아니다. 중성흐름의 존재를 처음으로 입증한 것은 CERN의 가가멜 실험으로 1973년에 결과가 발표되었다.

중성미자와 중수의 반응은 다음의 두 가지로 나눌 수 있다.

중성미자가 전자와 충돌하거나 중양성자와 충돌하는 두 가지다. 중성미자와 전자의 충돌은 중수뿐 아니라 보통의 물에서도 일어난다. 하지만 중성미자와 중양성자의 충돌은 보통의 물에서는 볼 수 없고, 오직 중수에서만 관찰할 수 있다.

이 중 첫 번째 중성미자와 전자와의 충돌은 첸이 이미 LAMPF 실험을 통해 자세히 연구한 적이 있었다.

두 번째 반응인 중성미자와 중양성자의 충돌은 다시 $W^{\pm}$ 입자를 주고받는 하전흐름에 의한 반응과 Z^0 입자를 주고받는 중성흐름에 의한 반응으로 나눌 수 있다.

우선 중성미자가 중양성자와 하전흐름에 의해 충돌하면 베타붕괴와 같이 전자 하나를 만들어 낸다. 이때 발생하는 전자는 무거운 W 보손에서 나오는 전자이므로 체렌코프 빛을 낼 정도로 큰 운동 에너지를 가질 수 있다. 중성미자와 양성자 충돌에서는 이런 베타붕괴와 같은 반응이 일어날 수 없으므로 이는 보통 물이 아닌 중수에서만 볼 수 있는 신호가 된다.

다음은 중성흐름에 의해 중양성자가 쪼개져 중성자와 양성자로 분리되는 반응이다. 이때 분리되어 나온 중성자는 데이비스의 실험 방법으로 쉽게 검출해 낼 수 있다. 염소를 중성자 흡수체로 놓고, 중성자를 흡수한 염소가 내는 감마선을 검출하면 중성자가 발생했다는 것을 알 수 있다.

지금까지 한 이야기를 간략히 요점만 정리해 보자. 중성미자를

물과 중수에서 모두 일어나는 반응

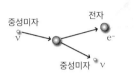

중성미자와 충돌한 전자가
체렌코프 복사를 내놓는다.

중수에서만 일어나는 반응

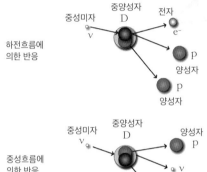

하전흐름에
의한 반응

중성미자가 중양성자의 중성자와
충돌해 양성자와 전자를 내놓고,
이때 발생한 전자에 의해
체렌코프 복사가 발생한다.

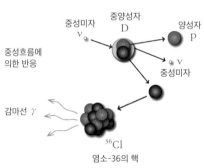

중성흐름에
의한 반응

중성미자가 중양성자와 충돌해
중성자를 밀어 내고,
이 중성자가 염소의 원자핵에
포획되어 감마선을 내놓는다.

중성미자와 중수와의 반응은 크게 세 가지로 나눌 수 있다. 일반 물에서도 일어나는 중성미자와 전자의 산란 외에 중수에서만 일어나는 반응이 있다. 중수의 중양성자는 중성미자와 충돌해 하전흐름에 의해 베타붕괴와 같이 양성자 2개와 전자를 내놓는다. 다른 하나는 중성흐름에 의해 중양성자가 깨질 때 나오는 중성자가 염소 원자에 포획되어 감마선을 내놓는 반응이다 검출할 때 중수를 이용해서 좋은 점은 바로 중성흐름을 통한 반응을 볼 수 있다는 점이다. 중성흐름에 의한 반응은 중성미자의 종류에 따라 달라지지 않고, 전자 중성미자든 뮤온 중성미자든 타우 중성미자든 상관없이 모든 중성미자에서 일어난다. 따라서 태양에서 출발한 전자 중성미자가 도중에 뮤온 중성미자나 타우 중성미자로 바뀌더라도 그에 상관없이 검출해 낼 수 있다. 통상적인 중성미자 검출기가 전자 중성미자에만 반응하는데 반해, 중수를 이용하면 세 종류의 중성미자를 모두 검출해 낼 수 있어 모든 종류의 중성미자를 빠트리지 않고 전부 셀 수 있다는 장점이 있다.

기막힌 협상

챈의 아이디어에 의기투합한 일련의 물리학자들은 곧 국제 공동연구팀을 만들게 된다. 훗날 노벨상을 거머쥘 아서 맥도널드도 그들 중 한 사람이었다. 1986년 그들은 캐나다 서드베리에 중수를 사용한 새로운 중성미자 검출기를 건설할 것을 공식적으로 제안했다. 챈은 미국 연구팀의 대표자로, 전체 SNO의 대표자로 선임되었다. 변신하는 중성미자를 물샐틈없는 검출기로 다 잡아내어 태양 중성미자 문제를 풀어 보겠다는 빅 사이언스가 시작된 것이다.

제안은 쉬웠지만 SNO는 실제 만들어 보기도 전에 큰 문제에 봉착하게 된다. 앞에서 이야기했듯이 중수는 무거운 물이면서 동시에 아주 비싼 물이란 점이 걸림돌이었다. 리터당 300달러만 잡더라도 1000톤의 중수는 3억 달러, 우리 돈으로 3000억 원이 넘

1986년 SNO 발족을 위해 캐나다의 초크리버에 모인 국제 공동 연구팀. SNO 초대 대표인 허버트 첸(앞줄 오른쪽 세 번째)과 캐나다 측 대표인 조지 이완(앞줄 오른쪽 두 번째), 영국 대표인 데이비드 싱클레어(뒷줄 왼쪽 두 번째)가 보인다. 첸이 급작스럽게 백혈병에 걸리자 1987년에 아서 맥도널드(앞줄 오른쪽 첫 번째)가 미국 측 대표를 맡았고, 1989년에는 SNO 실험의 대변인이 되었다.

었다. 광증배관 역시 비싼 부품이기 때문에 SNO를 건설하기 위해서는 중성미자 실험 역사상 가장 큰돈이 필요했다.

중수는 우리나라의 한수원(한국수력원자력)에 해당하는 캐나다원자력에너지Atomic Energy of Canada Limited, AECL에서 공급받게 되었다. 막내한 예산이 필요할 것이란 예상과 달리 실제 SNO를 완성하는 데는 700억 원이 채 들지 않았다. 무슨 마법 같은 일이 일어났던 것일까? 캐나다원자력에너지가 중수를 헐값에 판 것도 아니었다.

　　　　　　　　　　　　　8장 중성미자의 변신을 목격하다

비밀은 다름 아닌 기가 막힌 협상 덕분이었다. SNO의 물리학자들은 AECL의 중수 1000톤을 단돈 1달러에 빌리기로 했던 것이다. 1달러는 사실 상징적인 의미의 액수다. 물론 관점을 달리하면 캐나다원자력에너지 입장에선 비상시에 사용할 수 있는 중수 1000톤을 깨끗하게 보관할 수 있는 창고를 단돈 1달러에 마련한 것이라고 할 수 있어 전형적인 윈윈 게임인 셈이었다. 어찌 되었든 슈퍼-카미오칸데 실험에 광증배관을 실비로 제공한 일본의 기업 하마마츠나 SNO 실험에 1000톤의 중수를 선뜻 빌려준 캐나다의 AECL, 이 두 회사는 모두 기초과학에 엄청난 민간 기여를 한 것이라 볼 수 있다. 훗날 슈퍼-카미오칸데와 SNO가 노벨상을 받게 되었을 때, 이들 기업 역시 노벨상 수상의 기쁨을 함께 누렸음은 말할 필요가 없다.

하지만 불행히도 첸은 SNO 실험이 시작되는 것을 보지 못했다. 일에 너무 몰두했기 때문이었을까? 첸은 SNO 국제공동연구팀이 만들어진 지 얼마 되지 않아 급작스럽게 백혈병에 걸렸다. 그리고 1년여 투병 생활을 끝으로 1987년 11월에 생을 마감하게 된다.

첸의 유고로 미국 대표가 된 맥도널드는 이후 SNO의 전체 대변인으로 선임된다. 맥도널드는 전임자의 뒤를 이어 차분히 한 걸음씩 SNO 계획을 추진했고, 마침내 1990년 SNO 건설을 위한 예산을 미국, 캐나다, 영국 정부로부터 확보하게 된다. SNO의 건설에는 꼬박 10년이 걸렸다. SNO는 1999년 마침내 완공되었고, 이내 첫 중성미자 신호를 얻게 된다.

지하 2100미터에 위치한 SNO 검출기의 단면. 가운데에 투명 아크릴로 만든 직경 12미터의 구형 물탱크가 있고, 그 주위를 9600개의 광증배관이 달린 구조물이 감싸고 있다. 물탱크에는 중성미자 검출에 필요한 중수 1000톤이 채워져 있다. 나머지 공간에는 물탱크를 받칠 부력을 만들어 내고 외부 방사선 차폐를 위해 일반 물이 채워져 있다.

8장 중성미자의 변신을 목격하다

태양 중성미자의 수수께끼를 풀다

SNO는 2001년부터 꾸준히 실험 결과를 공개했다. 그 중 태양 중성미자의 수수께끼를 결정적으로 풀어낸 것은 2003년의 결과였다. SNO가 처음으로 중성미자를 검출한 지 4년 만에 얻어 낸 쾌거였다.

앞서 이야기한 대로 SNO에서는 전자 중성미자, 뮤온 중성미자, 타우 중성미자 모두가 중성흐름을 통해 중수와 반응을 하므로, 세 가지 중성미자의 개수를 전부 합한 값을 측정할 수 있다. 베타붕괴가 진행되는 하전흐름 반응을 통해서는 전자 중성미자만 관여하므로, 이로부터 전자 중성미자의 개수를 셀 수 있다.

SNO의 3차에 걸친 실험 결과를 표시한 다음 그림에서 보는 바와 같이, 하전흐름을 통해 전자 중성미자만 관측했을 때는 갈륨을 이용한 실험이나 데이비스의 염소 실험, 슈퍼-카미오칸데의 실험처럼 SNO 실험도 이론값에 한참 모자라는 결과를 얻었다. 반면 중성흐름을 이용한 실험에서는 세 가지 중성미자 개수의 합을 관측하므로 바칼의 이론값과 잘 들어맞는다는 것을 알 수 있다. 이로써 태양에서 나오는 전자 중성미자는 1억 5000만 킬로미터를 날아오면서 그 수가 3분의 1로 줄어들고, 나머지 3분의 2는 뮤온 중성미자와 타우 중성미자로 바뀌어 지구에 도달한다는 것이 실험으로 확인되었다

SNO는 다른 실험과 달리 애초부터 태양 중성미자의 수수께끼

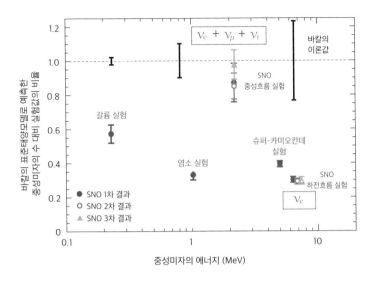

그래프 위쪽 검은색 선은 바칼의 중성미자 이론값이다. 갈륨 실험 결과는 바칼 이론값의 0.55 수준이다. SNO 이전에 실행된 갈륨과 염소를 이용한 실험, 그리고 슈퍼-카미오칸데 실험 결과(파란색 표시)는 모두 바칼의 이론값과 큰 차이를 보인다. 전자 중성미자만 측정한 SNO의 하전흐름 실험(오른쪽 아래) 결과 역시 세 차례 모두 바칼의 이론값에 미치지 못했다. 하지만 세 가지 중성미자를 모두 측정할 수 있는 SNO의 중성흐름 실험에서는 세 차례에 걸친 실험 모두 바칼의 이론값과 거의 같게 나온 것을 확인할 수 있다. 이로써 태양에서 나오는 전자 중성미자는 1억 5000만 킬로미터를 날아오면서 1/3로 줄어든다는 것이 증명되었다.

를 풀기 위해 고안되었다. 중수를 사용하면 세 가지 중성미자를 모두 잡아낼 수 있다는 허버트 첸의 아이디어는 그렇게 20년 만에 빛을 보았고, 그의 예상대로 태양 중성미자의 수수께끼는 SNO의 실험이 성공하면서 종지부를 찍게 되었다.

        8장 중성미자의 변신을 목격하다

2015년 노벨상의 엇갈린 운명

도쓰카 요지와 허버트 첸

살아있는 사람에게만 주어지는 노벨상

고시바의 카미오칸데 실험을 이어 슈퍼-카미오칸데 실험을 이끌었던 사람은 그의 제자 도쓰카 요지였다. 도쓰카는 학부 때부터 박사 학위를 받을 때까지 줄곧 도쿄대에서 공부했다. 고시바 마사토시의 지도로 박사 학위를 마친 도쓰카는 독일로 건너가 독일 전자싱크로트론 연구소Deutsches Elektronen-Synchrotron, DESY에서 칠 년 간의 긴 박사후 연구원 생활을 지냈다.

1979년 모교인 도쿄대에 조교수로 돌아온 도쓰카는 인생의 커다란 전기를 맞게 된다. 바로 그의 스승인 고시바와 함께 카미오칸데 실험을 추진하게 된 것이다. 도쓰카는 카미오칸데에서 중심적인 역할을 수행했고, 양성자 붕괴 실험 결과와 1987A 초신성 중성미자 관측 등 굵직굵직한 결과를 만들어 냈다. 고시바의 애제자이자 카미오칸데 실험의 이인자였던 도쓰카는 1987년 고시바가 정년 퇴임을 하자 그를 이어 카미오칸데의 대표가 되었다.

초신성의 중성미자를 관측하여 세계적으로 유명해진 카미오칸데의 명성을 바탕으로 슈퍼-카미오칸데를 추진한 것도 도쓰카였다. 도쓰카는 일본 정부를 끊임없이 설득했고, 1991년 마침내 슈퍼-카미오칸데 건설을 위한 예산을 얻어 냈다. 도쓰카는 슈퍼-카미오칸데의 대표를 맡아 1996년 슈퍼-카미오칸데를 완성시켰다.

슈퍼-카미오칸데는 1998년 대기 중성미자에 대한 연구 결과를 발표하였고, 도쓰카의 노벨상 수상은 기정사실로 여겨졌다. 2002년은 슈퍼-카미오칸데에 상이 쏟아진 해였다. 1987A 초신성의 중성미자를 검출하여 중성미자 천문학을 개척한 공로로 고시바가 노벨상을 수상했고, 뮤온 중성미자 진동에 대한 연구 결과로 고시바와 도쓰카, 가지타가 미국물리학회가 주는 파노프스키상을 수상했다. 도쓰카는 2003년 일본 고에너지가속기연구기구^{KEK}의 소장으로 부임하고 나서도 역동적인 활동을 펼쳐 K2K 실험과 벨^{Belle} 실험을 만들어 나갔다. 그러다 불행히도 도쓰카는 2008년 암으로 세상을 뜨게 된다. 고시바는 도쓰카가 곧 노벨상을 받을 것이라고 믿고 있었으나, 고시바의 희망은 이뤄지지 못했다.

거대 실험을 이끈다는 행운

2015년 노벨상 수상자인 가지타 다카아키는 학문 계보로 보면 고시바의 막내쯤 된다. 가지타는 매우 성실했다. 그는 카미오칸데에서 양성자 붕괴 실험으로 1986년에 박사 학위를 받았다. 학위를 마친 가지타는 일본 학술진흥회 프로그램을 통해 박사후 연구원이 되려고 했으나 안타깝게도 선정되지 못했다. 낙담한 가지타에게 손을 내민 사람이 고시바였다. 고시바의 도움으로 도쿄대 연구실에 조금 더 머물 수 있었던 가

1996년 4월 슈퍼-카미오칸데의 첫 가동을 지켜보고 있는 도쓰카 요지(사진 가운데).

지타는 대기 중성미자 문제에 집중했고, 그 연구 결과에 힘입어 1988년 부터 도쿄대의 우주선 연구소Institute for Cosmic Ray Research, ICRR에 자리를 잡았다. 가지타는 슈퍼-카미오칸데 실험에서 대기 중성미자 연구의 책 임자가 되었고, 1998년에는 뮤온 중성미자에 대한 연구 결과를 발표 했다. 그는 이 연구로 고시바, 도쓰카와 함께 파노프스키상을 수상한다. 가지타는 2008년 도쓰카가 세상을 뜨자 그의 뒤를 이어 카미오칸데와 도쿄대 우주선 연구소의 책임자가 되었다. 그리고 2015년 중성미자 진 동을 발견한 공로로 노벨상을 수상했다.

공동 연구에서 대표가 된다는 것

아서 맥도널드는 박사 학위 과정에 들어가기 전까지 줄곧 캐나다에서 공부했다. 석사 학위를 마친 맥도널드에게 마침 미국 동부의 아이비리그 대학을 둘러볼 기회가 있었다. 그러나 정작 대학원 진학은 미국 서부의 칼텍으로 했다. 맥도널드가 칼텍에서 공부하던 시절인 1960년대 말에는 존 바칼이 칼텍의 조교수로 일하고 있을 때였다. 당연히 레이먼드 데이비스가 태양 중성미자 실험 결과를 논의하기 위해 칼텍에 자주 모습을 비추곤 했다. 칼텍에서 공부를 마친 맥도널드는 캐나다로 돌아가 캐나다 원자력에너지(AECL)가 운영하는 초크리버 원자력 연구소에서 일을 시작했다. 맥도널드는 이후 1982년에 프린스턴 대학으로 자리를 옮겼고, 그곳에서도 캐나다를 왔다 갔다 하며 초크리버 실험을 계속 이어 갔다.

맥도널드는 초크리버 실험의 인연으로 첸을 만났고 SNO의 창립 멤버 16인 중 한 명으로 공동 연구에 참여하게 된다. 1987년 첸의 죽음은 SNO의 창립 멤버들에게 커다란 슬픔이었지만, 첸의 유지에 따라 SNO 실험 추진은 더욱 활기를 띠게 되었다. 첸은 죽기 전에 캐나다 대표를 맡았던 조지 이완과 영국 대표를 맡았던 데이비드 싱클레어와 함께 SNO의 미국 대표를 맡고 있었고, 동시에 SNO 전체의 대변인 역할도 수행하고 있었다. 첸이 병상에 눕자 맥도널드가 첸의 뒤를 이어 미국 대표로 선임되었고, 얼마 지나지 않아 SNO의 전체 대변인 직도 수행하게 되었다. SNO는 1989년 검출기 건설을 위한 자금 지원을 미국, 영국, 캐나다로부터 얻어 내는데 성공했다. SNO는 1999년 실험을 시작하고 몇 년 지나지 않아 태양 중성미자의 수수께끼를 풀겠다는 원래의 목표를 달성하였고, 맥도널드는 2015년 가지타와 함께 노벨상을 수상한다.

8장 중성미자의 변신을 목격하다

노벨상은 누구에게, 무엇에 주어지는가

2015년 노벨물리학상은 어떤 면에서 너무 늦게 주었다고 볼 수도 있다. 대기 중성미자와 태양 중성미자에서 중성미자의 진동을 밝힌 것이 각각 1998년과 2003년이었다. 결과가 발표되고도 십 년이 넘는 세월이 지난 후에야 노벨상을 준 것이다. 허버트 첸과 도쓰카 요지가 그때까지만이라도 살았더라면 아마도 그들이 노벨상 수상자가 되지 않았을까 하는 생각도 든다.

9장

중성미자
전성시대

과학자에도 몇 가지 부류가 있습니다.
이류나 삼류 과학자는 최선을 다하지만 큰일을 이루지는 못합니다.
일류 과학자는 과학의 발전에 중요한 발견을 해내는 사람들입니다.
그리고 그 위에는 갈릴레이나 뉴턴과 같은 천재들이 있습니다.
마요라나는 그런 사람들 중 하나였습니다.

– 엔리코 페르미(1901~1954)

남극대륙의 남극점에 있는 아이스큐브 중성미자 관측소에서는 빙상 속에 설치한
수천 개의 검출기를 통해 고에너지 중성미자 신호를 관측하고 있다.

2015년 노벨물리학상은 중성미자가 진동한다는 사실을 입증한 슈퍼-카미오칸데와 SNO의 실험에 주어졌다. 중성미자가 진동한다는 것은 곧 중성미자의 질량이 0이 아니란 사실을 말해 준다. 이로써 중성미자는 다른 페르미온들처럼 질량을 가진 입자로 당당히 인정받게 되었다. 혹자는 이런 질문을 할 수 있겠다. "그럼 이제 중성미자에 대한 연구는 끝난 것 아닌가?" 이 질문에 대한 답은 의외로 간단하게 확인할 수 있다. 현재 지구촌 곳곳에서 벌어지고 있는 중성미자 연구 현황을 보면 알 수 있기 때문이다.

　　중성미자에는 아직 풀리지 않은 질문이 많이 남아 있다. 우선 중성미자의 질량을 정확히 측정해 내는 일이 있다. 또 중성미자와 그의 반입자인 반중성미자가 각기 다른 입자인지, 아니면 서로 같은 입자인지를 확인하는 일도 해결하지 못한 질문이다. 전자 중성미자, 뮤온 중성미자, 타우 중성미자, 이렇게 세 가지 중성미자만 존재하는지, 아니면 다른 중성미자가 또 있는지 밝혀내는 것도 남아 있는 문제다. 우주 배경 복사처럼 138억 년 전 빅뱅 당시 생성된 중성미자를 관측할 수는 있는지, 또 초고에너지를 가진 중성미자는 어떻게 생겨나는지 등 아직도 중성미자에 관한 굵직굵직한 질문이 많이 남아 있다. 이런 질문들을 하나하나씩 해결해 가다 보면 앞으로도 중성미자 연구에서 노벨물리학상이 계속 나올 것은 자명하다. 이 장에서는 이런 중요한 질문들을 해결하기 위해 뛰어든 다양한 중성미자 실험을 소개하고자 한다. 국경을 넘나들며 펼쳐지고 있는 연구 현장을 살펴보면 지금이 바로 중성미자 전성시대라는 것을 알 수 있을 것이다.

거대한 꿈을 좇는 사람들

고시바는 일찍이 2002년 노벨상 수상 연설에서 중성미자 연구의 미래에 대한 포석을 던져 놓았다. 중성미자 연구가 앞으로 어떻게 펼쳐질 것인가를 자문하면서 엄청난 규모의 하이퍼-카미오칸데를 언급했던 것이다.

하이퍼-카미오칸데

하이퍼-카미오칸데는 일본이 슈퍼-카미오칸데 이후 더 큰 꿈을 펼치기 위해 계획하고 있는 새로운 중성미자 관측소의 이름이다. 하이퍼-카미오칸데는 슈퍼-카미오칸데와 같이 원통형으로 생겼다. 들어가는 물의 양은 26만 톤이나 된다. 슈퍼-카미오칸데가 5만 톤의 물을 담을 수 있는 것에 비하면 5배가 넘는 양이다.

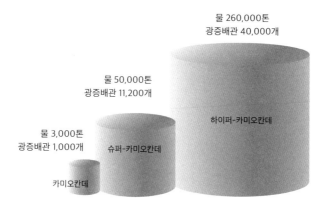

물 260,000톤
광증배관 40,000개

물 50,000톤
광증배관 11,200개

물 3,000톤
광증배관 1,000개

하이퍼-카미오칸데

슈퍼-카미오칸데

카미오칸데

1983년에 만들어진 카미오칸데, 1996년에 완성된 슈퍼-카미오칸데, 2020년대 말에 들어설 하이퍼-카미오칸데의 크기를 비교해 보았다. 하이퍼-카미오칸데의 규모를 짐작해 볼 수 있다.

1983년에 만들어진 카미오칸데의 3000톤에 비하면 왜 슈퍼를 넘어 하이퍼란 수식어가 붙는지 이해가 될 만하다. 하이퍼-카미오칸데의 원통의 직경과 높이는 각각 70미터에 이른다. 바닥은 서울 시청 앞 광장의 면적에, 높이는 25층 아파트와 맞먹는다. 그 안에 물이 가득 차 있으니 수압도 대단할 것이다. 26만 톤의 물이라면 약 100만 명의 인구가 하루 동안 마시고, 샤워하고, 청소하는 데 쓸 수 있는 물의 양이다.

물의 양이 늘었으니 물탱크의 표면적 역시 커져 하이퍼-카미오칸데에 설치될 광증배관의 수는 4만 개에 달한다. 일본의 하마마츠가 또다시 특별 가격에 광증배관을 만들어 공급하기는 하겠지만, 광증배관 1개가 수백만 원에 달하는 것을 감안하면, 광증배관 4만 개의 구입 비용은 1000억 원이 훌쩍 넘는다. 총 6000억 원 이

9장 중성미자 전성시대

하이퍼-카미오칸데의 물탱크는 깊이가 71미터, 직경이 68미터로, 슈퍼-카미오칸데의 5배 이상 많은 물을 담을 수 있다. 물탱크의 벽면에 설치할 4만 개의 초고감도 광센서는 매우 약한 체렌코프 빛도 감지할 수 있다. 하이퍼-카미오칸데는 2027년 실험을 시작할 예정이다.

상이 소요될 거라 예상되는 이 거대과학 시설을 일본 정부가 최종 승인해 준 것은 2019년 12월이었다.

하이퍼-카미오칸데에서는 중성미자와 중성미자의 반입자인 반중성미자 사이의 대칭성에 관한 연구도 진행될 예정이다. 만약 중성미자와 반중성미자가 서로 다른 행동을 한다면 또 하나의 커다란 발견이 될 것이다. 이는 곧바로 우주의 물질과 반물질 사이의 비대칭성을 효과적으로 설명하는 데 쓰일 수 있다. 또 한 번의 노벨상이 주어질 것이 분명하다. 죽었던 대통일 이론이 되살아날 수도 있다. 하이퍼-카미오칸데에서 만약 양성자 붕괴가 관찰된다면,

시카고 외곽의 넓은 평원에 페르미연구소의 테바트론 가속기와 각종 연구 시설이 자리하고 있다. 사진 앞쪽의 원형 구조물이 주 입사기 링이고, 그 뒤쪽 원형 구조물이 테바트론 링이다. 테바트론 링의 왼쪽에 CDF 실험실, 오른쪽에 D0실험실이 보인다. CDF 실험실 아래에 윌슨홀이 있다.

양성자가 불멸이 아니라는 가설이 증명된다. 그렇게 되면 현재의 표준모형과 우주론은 크게 수정되어야 할 것이고, 이로부터 우리가 예상하고 있는 우주의 미래는 현격하게 바뀔 것이다.

하이퍼-카미오칸데에서는 K2K$^{KEK\,to\,Kamioka}$나 T2K$^{Tokai\,to\,Kamioka}$ 실험 때와 마찬가지로 장거리 중성미자 진동 실험도 계획되어 있다. 또 언제 터질지는 모르지만 가까운 장래에 초신성이 터져주기만 하면 하이퍼-카미오칸데는 또 한 번 세계의 주목을 받을 것이다. 하이퍼-카미오칸데는 2027년에 첫 가동을 시작할 예정이다.

　　　　　　　　　　　9장 중성미자 전성시대

둔

페르미연구소에서 운영하던 테바트론^{Tevatron} 가속기는 2010년 CERN의 거대강입자충돌기^{LHC}가 가동을 시작하자 그 존재 가치를 잃고 말았다. 충돌 에너지가 낮은 테바트론은 아무리 오래 돌려봐야 새로운 입자를 만드는 데 LHC를 따라갈 수 없기 때문이었다. 결국 미국은 테바트론의 가동 중단을 결정했다. 비록 힉스 입자의 발견에는 성공하지 못했지만, 꼭대기 쿼크를 발견하는 등 테바트론은 나름 성공한 가속기란 평가를 받고 2011년 퇴역하게 되었다.

테바트론은 크게 두 부분으로 나뉜다. 하나는 주 입사기^{Main Injector}라 알려진 가속기로 양성자와 반양성자를 150기가전자볼트까지 가속시킨다. 다른 하나는 우리가 테바트론이라 부르는 가속기로 주 입사기에서 150기가전자볼트로 가속되어 들어온 양성자와 반양성자를 추가로 1테라전자볼트까지 가속시켜 서로 충돌시키는 역할을 맡고 있다. 이로부터 2테라전자볼트라는 엄청난 충돌 에너지를 만들어 내고, 여기서 만들어지는 입자들을 조사해 꼭대기 쿼크를 찾아냈고 또 힉스 입자도 탐색하였다. CERN의 LHC가 정상 가동할 때까지 테바트론은 지구상에서 가장 큰 충돌 에너지를 만들어 내는 가속기였다.

테바트론이 가동을 멈추자, 페르미연구소는 가속기 시설을 어떻게 활용할 것인가를 놓고 고민하기 시작했다. 페르미연구소는 테바트론의 용도는 찾기 힘들어도 주 입사기는 활용할 곳이 많다는 것을 알고 있었다. 충돌 에너지 싸움에서 유럽에 밀린 미국은 새로운 아이디어가 필요했다. 에너지보다는 빔의 양으로 대결할 수 있는 아이디어를 찾아 나섰다. 테바트론의 주 입사기는 이런 면에서 매우 유용한 가속기였다. 대량의 양성자를 가속해 적당한 표적을 때리면 2차 입자를 많이 만들어 낼 수 있고, 이로부터 중성미자도 대량으로 만들어 낼 수 있다는 점에 착안했다. 그 결과 탄생하게 된 것이 바로 장거리중성미자시설LBNF, Long-Baseline Neutrino Facility이다.

LBNF는 단순히 가속기 한 대를 말하는 것이 아니다. 주 입사기에서 얻은 메가와트급의 고출력 양성자 빔을 표적에 쏘여 다량의 2차 입자를 만들고, 이들 2차 입자를 걸러 순수한 중성미자 빔을 만드는 여러 단계의 시설을 한데 묶어 부르는 이름이다. 이렇게 만들어진 중성미자 빔은 우선 연구소 내 지하에 설치된 근거리 중성미자 검출기Near Detector를 통과해 1300킬로미터 떨어진 사우스다코타주 핸퍼드 지하에 자리잡은 샌퍼드지하연구시설의 원거리 중성미자 검출기Far Detector로 보내진다. 1300킬로미터나 떨어진 곳으

페르미연구소에서 생성된 중성미자 빔은 1300킬로미터 떨어진 사우스다코타주의 샌퍼드지하연구시설로 보내진다.

9장 중성미자 전성시대

로 빔을 보내기 위해서는 중성미자 빔을 수평으로 쏘아서는 안 되고 땅속 방향으로 약간 꺾어서 보내야 한다. 지구가 동그랗기 때문이다.

사우스다코다주의 샌퍼드지하연구시설Sanford Underground Research Facility, SURF 은 LBNF에서 보낸 중성미자가 도착하는 종착지다. 이곳은 특별히 중성미자와 관련이 깊은 곳으로, 레이먼드 데이비스가 태양 중성미자 검출 실험을 했던 홈스테이크 광산이 바로 이곳에 있다. 홈스테이크 광산이 폐광을 하자 데니 샌퍼드라는 사업가가 2006년에 7000만 달러, 우리 돈으로 800억 원이 넘는 돈을 기부하여 이곳을 과학 연구 시설로 만들었다. 그래서 이곳에 샌퍼드라는 이름이 붙게 되었다. 페르미연구소를 출발해 이곳 샌퍼드연구소까지 1300킬로미터를 달려온 중성미자는 원거리 중성미자 검출기를 통해 분석되고 연구된다. 이렇게 샌퍼드지하연구시설SURF까지 포함해 페르미연구소의 장거리중성미자시설LBNF에서 이뤄지는 중성미자 실험이 바로 듄DUNE, Deep Underground Neutrino Experiment이다.

듄은 중성미자 검출을 위해 기존과 다른 새로운 방법을 사용한다. 듄에서는 슈퍼-카미오칸데가 사용하는 체렌코프 빛 검출법을 쓰지 않고 액체 아르곤을 써서 중성미자를 직접 검출한다. 아르곤은 영하 186도가 되면 기체에서 액체로 상태가 바뀐다. 그래서 하이퍼-카미오칸데를 거대한 물통을 사용하는 실험에 비유한다면, 듄은 거대한 냉동 창고를 사용하는 중성미자 실험이라고 할 수 있다.

아르곤은 비활성 기체로 일상 생활에서 다양한 용도로 사용된다. 형광등의 내부를 채우고 있는 기체가 아르곤이고, 이중 단열창의 유리와 유리 사이를 채우고 있는 기체도 아르곤이다. 아르곤은 또 용접 작업을 할 때 금속의 용융 부위에 발생하는 산화를 막아주는 차폐(퍼지) 가스로도 쓰인다. 아르곤은 대기에 질소와 산소 다음으로 많이 존재하는 원소로 대기 중에 약 1퍼센트 정도가 들어 있다. 대기 중 1퍼센트면 상당히 많은 양이다. 그래서 아르곤은 그다지 비싼 물질은 아니다. 액체 아르곤의 가격은 대략 리터당 1000원 정도로 늘 접하는 생수 정도의 가격이다.

샌퍼드 연구소에 건설 예정인 원거리 중성미자 검출기는 지하 1500미터에 설치되는데, 이는 미국 내 지하 실험실 중에서는 가장 깊은 곳에 해당한다. 원거리 중성미자 검출기는 액체 아르곤 탱크 4개로 구성되어 있다. 각각의 탱크는 긴 컨테이너 형태로 폭이 15미터 높이가 12미터에 길이가 58미터나 된다. 물을 채운다고 생각하면 1만 톤짜리 탱크라고 할 수 있다. 액체 아르곤은 1리터가 대략 1.4킬로그램으로, 탱크 하나에 들어가는 아르곤은 1만 4000톤이다. 따라서 4개의 탱크에 들어갈 액체 아르곤의 양은 전체 5만 6000톤이나 되고, 근거리 중성미자 검출기에 사용되는 액체 아르곤까지 합치면 듄이 사용할 액체 아르곤의 양은 자그마치 6만 8000톤이나 된다. 6만 8000톤의 액체 아르곤은 연간 전 세계 액체 아르곤 생산량의 10분의 1이나 되는 엄청난 양이다. 듄에서 사용되는 액체 아르곤의 가격만도 우리 돈으로 대략 500억 원이다.

액체 아르곤 속으로 입자가 지나가면 거품 상자와 마찬가지로 입자들이 지나간 궤적 주변으로 전자들이 이온화되어 튀어나온다. 이렇게 만들어진 전자들은 아르곤 탱크에 인가된 강한 전기장에 의해 탱크의 한쪽 벽면으로 끌려가고, 벽면에 부딪힌 전자들은 모두 전기 신호로 바뀌게 된다. 이렇게 한쪽 벽면에 만들어지게 되는 전기 신호를 연결하면 옛날 브라운관 TV처럼 입자들이 지나간 경로가 사진처럼 나타난다. 한편 전자들이 한쪽 벽면으로 끌려가 전기 신호를 만들 때까지의 시간은 처음 전자가 출발한 위치에 따라 달라진다. 멀찌감치 출발한 전자는 신호 보드에 늦게 도착하고, 신호 보드 가까이에서 출발한 전자는 보드에 바로 도착해 전기 신호를 만들어 낸다. 이렇게 입자들이 한쪽으로 프로젝션 되는 시간 정보까지 사용하면 입자들의 궤적을 3차원으로 재구성하는 일이 가능하다. 이런 검출기를 시간투영상자Time Projection Chamber, TPC라고 한다. 듄의 경우에는 매질이 액체 아르곤이므로 액체 아르곤 시간투영상자Liquid Argon Time Projection Chamber라 부르고, 간단히 LArTPC라고 쓰기도 한다.

LArTPC는 듄 이전에도 다른 여러 실험에 사용되어 이미 그 성능이 입증된 중성미자 검출기다. 페르미연구소의 아르곤중성미자 검출 실험Argon Neutrino Teststand, ArgoNeut에서 LArTPC 검출기를 사용하여 얻어낸 중성미자 반응 사진을 한번 보자. 이 사진에서는 뮤온 중성미자가 아르곤 핵과 부딪쳐 뮤온이 생성되고 양성자와 파

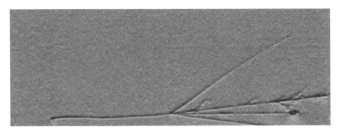

페르미연구소의 ArgoNeuT 실험에서 LArTPC 검출기로 얻은 중성미자 산란 장면. 사진 아래쪽 가운데에 여러 방향으로 선이 뻗어나가는 듯 보이는 지점이 중성미자가 핵과 반응한 모습이다. 충돌 지점에서 왼쪽으로 날아가는 입자가 양성자이고, 오른쪽 45도 방향으로 튀어 올라가는 입자가 뮤온이다. 오른쪽 방향 세 갈래로 갈라져 나가는 입자들은 모두 파이온에서 생성된 2차 입자들이다.

이온이 함께 튀어나오고 있다. 슈퍼-카미오칸데가 체렌코프 빛을 통해 중성미자의 반응 위치를 알아내는 것이라면, 듄은 중성미자가 충돌하는 장면을 고해상도로 직접 촬영하는 것이라고 할 수 있다.

듄은 미국에서 수행되는 실험이지만, 일반적인 다른 입자물리 연구들처럼 국제 공동 연구로 추진된다. 특히 CERN은 듄 실험에 직접 참여하고 있다. CERN 입장에서는 듄을 LHC와 더불어 CERN의 공식 실험 중 하나로 인식하고 있는 셈이다.

CERN에서는 진짜 듄 검출기를 만들기 전에 시험용으로 쓸 듄 검출기의 시제품 제작과 테스트가 이루어지고 있다. 이를 프로토-듄ProtoDUNE이라 부른다. 프로토-듄 실험은 필자가 2017년 CERN에서 연구년을 보내고 있을 때 한창 건설되고 있었다. 때마침 한국계 미국인 물리학자 유재훈Jae Yu 교수가 프로토-듄 건설에 참여

9장 중성미자 전성시대

프로토-듄의 내부 모습. 실제 건설될 듄의 검출기는 이보다 10배 이상 크다. 중앙에 서 있는 사람은 유재훈 교수.

하기 위해 CERN을 방문하였고, 필자는 유 교수에게 부탁해 프로토-듄 제작 현장에 가 볼 수 있었다.

프로토-듄은 폭과 길이, 높이가 모두 10미터로 실제보다 규모를 대폭 줄인 아담한 사이즈의 LArTPC 검출기다. 실제 듄 검출기에 비해 아담하다는 것이지 직접 본 프로토-듄은 4층 건물 높이의 거대한 상자였다. 필자가 도착했을 때는 이미 프로토-듄에 액체 아르곤을 가득 채운 상태라 안타깝게도 바깥 모습만 살펴볼 수 있었다. 다행인 것은 그 옆에 다른 방식의 프로토-듄 한 대가 더 만들어지고 있었고, 그 상자 안으로는 들어가 볼 수 있었다. 사방을 매끈한 철판으로 두른 탱크를 예상했지만 그건 오산이었다. 내부는 주름진 철판으로 마감 처리되어 있었다. 액체 아르곤이 주입되면 철판의 부피가 줄어들기 때문에 부피 응축을 감안해 미리 주름을 넣어 놓은 것이다.

듄은 2028년 운영을 시작할 계획으로 하이퍼-카미오칸데와는 중성미자 연구를 놓고 피치 못할 숙명의 대결을 펼칠 예정이다.

다중신호 천문학

중성미자 검출기는 크면 클수록 좋다. 특히 고에너지 중성미자를 검출하기 위해서는 매우 큰 검출기가 필요하다. 누구든 하이퍼-카미오칸데와 듄의 규모를 넘어서는 거대 중성미자 검출기를 만들 수만 있다면 얼마든지 중성미자 연구의 중심에 설 수 있다. 하지만 천문학적 규모의 돈이 들어가는 중성미자 관측소 건설에는 국가 예산 측면에서 분명 제약이 따르기 마련이다. 따라서 당분간 하이퍼-카미오칸데와 듄을 넘어서는 더 큰 중성미자 관측소 건설을 기대하는 것은 무리라 할 수 있다.

호수로, 바다로, 남극으로

그럼에도 불구하고 하이퍼-카미오칸데보다 훨씬 더 큰 물탱크를 만드는 일은 충분히 가능하다. 사실 그런 큰 물탱크는 이미 우리 곁에 수없이 많이 있다. 바로 호수다. 맑은 호수는 그 자체 그대로 물 체렌코프 검출기로 쓸 수 있다. 물론 호수 안에 수많은 광증배관을 설치해 놓아야 한다.

실제로 러시아에서는 바이칼호를 중성미자 검출기로 사용하고 있다. 바이칼 수중 중성미자 망원경Baikal Deep Underwater Neutrino Telescope, BDUNT이라 불리는 이 중성미자 검출 프로젝트는 12개의 광증배관이 달린 케이블을 바이칼 호수 깊은 곳에 설치하는 것으로 시작됐다. 1998년까지 총 200개의 광증배관을 호수 속에 박아 넣었으니, 이는 마치 여러 개의 구슬 목걸이가 호수 바닥에 늘어서 있는 모습을 하고 있다. BDUNT에는 앞으로 가로 1킬로미터, 세로 1킬로미터, 깊이 1킬로미터의 거대한 영역에 광증배관이 설치될 예정이고, 그렇게 되면 물의 양으로는 하이퍼-카미오칸데의 4000배나 되는 거대한 중성미자 관측소가 된다.

호수가 아니라 바닷물을 쓰는 중성미자 검출기도 있다. 유럽입자물리연구소가 추진하는 심연 중성미자 천문학 연구 프로젝트Astronomy with a Neutrino Telescope and Abyss environmental RESearch project, ANTARES는 지중해의 바닷물을 중성미자 검출 매질로 쓰고 있다. ANTARES는 프랑스 툴롱 지방 해안 쪽에 있고, 75개의 광증배관이 매달린 350미터의 케이블, 총 12개로 구성되어 있다. 이 케이블은 바다 표면에서 2.5킬로미터나 되는 깊은 바다 속에 잠겨 있다.

그럼 세상에서 가장 큰 중성미자 검출기는 어디에 있을까? 답부터 이야기하면 남극이다. 남극 대륙 그중에서도 남극점에 있는 미국의 아문센-스콧 기지에는 아이스큐브 중성미자 관측소라는

지중해 깊은 바다에 잠겨 있는 중성미자 검출기. ANTARES에서는 바닷물을 중성미자 검출 매질로 사용한다.

거대한 시설이 있다.

남극은 통째로 얼음이다. 얼음 역시 고에너지 입자가 지나가면 체렌코프 빛을 내니까, 남극 얼음 전체를 체렌코프 검출기로 사용할 수 있다. 얼음 속에 광증배관을 설치하는 것은 바닷속에 설치하는 것보다 훨씬 더 어렵다. 아이스큐브 관측소에서는 먼저 광증배관 60개가 매달린 아주 긴 케이블을 만들었다. 이 케이블은 길이가 2.5킬로미터나 되는데, 광증배관 60개는 1450미터에서 2450미터 사이에 17미터 간격으로 달려 있다. 이 케이블을 얼음 속에 넣기 위해서는 남극의 대륙빙하에 구멍을 뚫어야 한다. 섭씨 85도로 가열한 뜨거운 물을 얼음에 고압 분사해야 겨우 구멍을 뚫을 수 있다. 얼음 구멍은 지름이 60센티미터에 깊이가 3킬로미터에 달한다. 아이스큐브 관측소는 이런 구멍을 총 86개 만들었는데, 구멍과 구멍은 서로 125미터 간격으로 떨어져 있다. 86개의 구멍마다 케이블을 하나씩 넣었고, 케이블당 광증배관이 60개씩 달려 있으므로, 총 5160개의 광증배관이 남극의 대륙빙하에 박혀 있는 셈이다. 아이스큐브 관측소에서 남극 얼음 속 광증배관이 설치된 영역은 1세제곱킬로미터로 현존하는 중성미자 검출기로는 가장 크다. 부피가 큰 만큼 아이스큐브는 하루에 모을 수 있는 중성미자 신호의 개수도 많다. 아이스큐브가 하루에 검출하는 대기 중성미자는 대략 275개로 일 년이면 10만 개의 대기 중성미자를 수집할 수 있다.

아이스큐브에서는 특별히 뮤온 중성미자를 잘 구별해 낼 수 있다. 우주에서 날아온 고에너지 뮤온 중성미자는 얼음과 반응하여 고에너지 뮤온을 만들어 낸다. 이 뮤온은 얼음 속에서 에너지를 서서히 잃으며 멀리까지 날아가는데, 아이스큐브의 광증배관 신호를 연결하면 바로 뮤온이 지나가는 궤적이 된다. 전자 중성미자의 경우에는 얼음과 반응한 후에 전자가 발생하는데, 이들 전자는 뮤온과 달리 멀리 날아가지 못하고 얼음 속에서 짧은 입자 소나기particle shower를 만들고 빠르게 사라진다.

2017년 9월 22일 아이스큐브는 IceCube-170922A라고 명명된 고에너지 중성미자 사건을 관측했다. 이 사건은 빠르게 천문

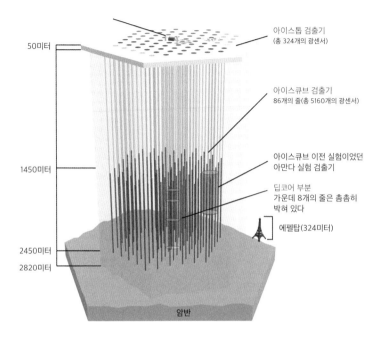

아이스톱 검출기
(총 324개의 광센서)

아이스큐브 검출기
86개의 줄(총 5160개의 광센서)

아이스큐브 이전 실험이었던
아만다 실험 검출기

딥코어 부분
가운데 8개의 줄은 촘촘히
박혀 있다

에펠탑(324미터)

50미터

1450미터

2450미터
2820미터

암반

남극에 위치한 아이스큐브 중성미자 검출기. 아이스큐브가 설치된 영역의 지표면에는 아이스탑(Ice Top)이란 검출기 어레이가 설치되어 있어, 1000조 전자볼트(1 PeV) 이상의 초고에너지 입자를 검출해 낸다. 딥코어(Deep Core)라 불리는 가운데 부분은 광증배관을 더 촘촘히 박아 넣은 곳이다.

학계에 전달되었다. 놀랍게도 IceCube-170922A에서 중성미자가 날아온 방향은 TXS 0506+056라 불리는 블레이저blazar를 가리키고 있었다. 블레이저란 강력한 제트를 관측자 방향으로 쏘고 있는 펄사pulsar와 같은 천체를 말한다. TXS 0506+056은 활동성 은하핵Active Galactic Nuclei, AGN으로, 이 은하핵 중심에 위치한 초거대질량의 블랙홀이 지구를 향해 강력한 제트를 쏘고 있다. 이 제트

9장 중성미자 전성시대

에는 고에너지 감마선이 포함되어 있다는 것이 페르미 광역 망원경Fermi Large Area Telescope, Fermi-LAT의 관측 결과로 알려져 있었고, 그 안에는 당연히 고에너지 중성미자도 있으리라 여겨지고 있었다. 아이스큐브가 IceCube-170922A의 발견 소식을 전하자 HAWC와 MAGIC 등 지상에 설치된 여러 고에너지 감마선 망원경이 블레이저 방향에서 날아오는 수백 기가전자볼트급 고에너지 감마선을 검출했다고 알려 왔다. 이로써 우주에는 활동성 은하핵과 같이 초고에너지 중성미자를 발생시키는 천체들이 있다는 것이 알려지기 시작했다.

지금까지 아이스큐브 관측 결과에 따르면 우주에는 고에너지 중성미자를 다발로 보내고 있는 장소들이 여럿 있다. 이들 고에너지 중성미자 데이터는 속속들이 다른 감마선 망원경과 우주선 망원경의 관측 결과와 연관 지어 우주를 보는 새로운 창을 만들어가고 있다.

현재 아이스큐브의 중심부에는 17미터 간격이 아닌 7미터 간격으로 광증배관이 촘촘히 박힌 부분이 있다. 이 부분을 딥 코어Deep Core라고 부르는데, 이 부분은 해상도가 높아 10기가전자볼트급의 중성미자 관찰도 가능하다. 아이스큐브는 가까운 미래에 중성미자 관측의 해상도를 더욱 높이기 위해 딥 코어 영역에 얼음 구멍 7개를 새로 뚫어 광증배관을 2.4미터 간격으로 촘촘히 설치하는 업그레이드 계획을 추진하고 있다.

새로운 천문학의 시대를 열다

검출하기 까다롭기로 중성미자보다 더 악명 높은 것이 있다. 바로 아인슈타인이 일반상대성이론에서 예측한 중력파가 그것이다. 중력파가 존재한다는 간접적인 증거는 천문학적 관측을 통해 1970년대에 이미 확보되어 있었다. 하지만 중력파를 실제로 직접 검출해 낸 것은 2015년 라이고LIGO 실험에서였다.

최초의 중력파 신호는 지구에서 13억 광년 떨어진 블랙홀의 병합 사건에서 찾아냈다. 2015년 라이고가 가동을 시작한 이래 지금까지 오십여 개가 넘는 중력파 신호를 찾아냈다. 중간중간 실험을 진행하지 않았을 때를 빼고 계산하면, 중력파 신호는 월평균 다섯 번 정도 얻은 셈이다.

천문학은 인류의 역사만큼이나 오래된 학문이다. 망원경이 없던 시절에도 별과 행성을 관측하여 다양한 정보를 얻었다. 하늘의 해와 달, 별의 움직임은 농경에도 요긴했고, 항해술에는 없어서는 안 될 정보였다. 갈릴레이가 망원경을 통해 천체를 관측한 이래 천문학이라 하면 당연히 광학 망원경으로 별을 보는 학문이라는 인식이 있었다. 광학 망원경을 통해 얻어 낼 수 있는 정보는 다양했다. 우선 연주시차를 통해 가까운 별들 사이의 거리를 측정해 낼 수 있었다. 별의 거리와 겉보기 밝기로 별의 절대 광도를 얻어 낼 수 있었고, 또 별의 색깔과 연결 지어 항성의 종류도 구별할 수 있었다. 더 나아가 별빛을 스펙트럼으로 분리해 별의 구성 원소도 알아낼 수 있었다. 20세기에 들어서는 도플러 효과로 우주가 팽창

한다는 사실도 알아냈다.

가시광선이 아닌 다른 파장대의 빛을 이용한 관측은 천문학을 다채롭게 만들었다. 전파 망원경을 이용해 우주 배경 복사를 발견했고, 이로부터 빅뱅이 실제로 존재했었다는 것을 알게 되었다. 또 2002년 레이먼드 데이비스, 고시바 마사토시와 함께 노벨상을 수상한 리카르도 자코니는 천문학에 엑스선 관측 기법을 도입하여, 엑스선 천문학이란 새로운 분야를 개척했다. 최근에는 고에너지 감마선으로 관찰하는 방법까지 동원하여 활동성 은하핵이나 감마선 폭발Gamma Ray Burst, GRB과 같은 현상도 새롭게 연구하고 있다.

다양한 방법으로 천문학을 연구하는 것이 왜 중요한지는 한 장의 그림으로 설명이 가능하다. 이 그림은 여러 방법으로 태양을 관측한 결과를 모아 놓은 것이다. 전파 망원경, 적외선 망원경, 보통의 광학 망원경, 그리고 자외선 망원경과 엑스레이 망원경으로 관측한 태양은 사뭇 서로 다른 모습을 보여준다. 적외선 망원경에서는 흑점이 상대적으로 잘 보이고, 자외선이나 엑스선으로 갈수록 고온의 코로나가 잘 관측된다는 것을 알 수 있다.

이 그림의 왼쪽 위 이미지는 슈퍼-카미오칸데가 찍은 태양의 모습이다. 이전에 설명한 바와 같이 중성미자로 촬영한 태양은 태양의 광구를 보고 있는 것이 아니라 핵융합 반응이 일어나고 있는 태양의 코어를 보고 있는 것이다.*

이와 같이 중성미자는 우주를 들여다보는 새로운 빛이라 할 수 있다. 중성미자는 특히 초신성 연구를 위한 강력한 도구가 될 것

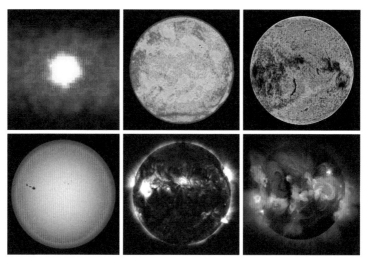

왼쪽 위부터 시계 방향으로, 각각 중성미자, 4.6GHz 전파, 1013nm 적외선, 엑스선, 9.4nm 자외선, 가시광선(광학 망원경)으로 관찰한 태양의 모습이다

이다. 초신성이 폭발할 때 만들어지는 다량의 중성미자를 연구하면 기존 천문학에서는 얻을 수 없었던 초신성 폭발의 동력학적 정보를 얻을 수 있다. 여기에 중력파까지 천문 관측에 활용된다면, 기존의 천문학에서는 수행하기 힘들었던 블랙홀이나 중성자별에 대한 연구도 완전히 새로운 차원으로 들어설 수 있게 된다.

음악을 모노로 들을 때보다 스테레오로 듣는 편이 훨씬 더 화

---

* 중성미자로 관측해 시각화한 태양의 이미지는 각분해능이 떨어져 크기에 관한 정보를 얻을 수 없다. 따라서 사진 속 다른 방법에 의해 관측된 태양 사진과 그 크기를 비교하는 것은 의미가 없다.

9장 중성미자 전성시대

려하고 생생하다는 걸 우리는 잘 알고 있다. 귀가 두 개뿐이라 스테레오면 충분할 줄 알았는데 5.1 채널 서라운드 시스템이 도입되면서 입체 음향이란 새로운 세계가 열렸다. 이제는 스테레오의 시대도 옛날 이야기가 되었다. 천문학도 마찬가지다. 과거 여러 파장의 빛을 이용해 관측하던 시대에서 중성미자와 중력파가 가세하면서 멀티 채널 관측이 대세가 되어 가고 있다. 바야흐로 새로운 천문학의 시대가 열리고 있는 것이다. 우리는 이를 '다중신호 천문학 multi-messenger astronomy'이라고 부른다.

현재 미국과 유럽, 일본을 중심으로 중성미자와 중력파 관측소가 여러 지역에 건설되고 있고, 중국과 인도도 중성미자와 중력파 관측소 건설에 나서고 있어 다중신호 천문학 시대는 이미 우리 곁에 와 있다고 할 수 있다. 중성미자 천문학을 포함한 다중신호 천문학 연구는 이제 막 봉오리를 터트린 분야로 머지않아 우주를 연구하는 방법론의 중심에 설 것으로 보인다.

남아 있는 질문들

디랙이냐, 마요라나냐

앞에서 우리는 페르미온을 쿼크와 렙톤으로 구분하고 세대별로도 나눠 총 12개의 입자로 분류했다. 또 이들 페르미온에는 각각의 반입자가 있다는 이야기도 했다. 전자의 반입자는 양전자인

데, 질량이나 스핀 등 모든 성질은 똑같으나 전하만 반대인 입자다. 쿼크도 마찬가지다. 위 쿼크의 반입자는 반 위 쿼크 입자와 성질은 똑같은데, 위 쿼크는 전하가 +2/3인 반면 반 위 쿼크는 −2/3의 전하를 띤다는 점만 다르다. 이렇게 입자와 반입자로 구성된 페르미온은 모두 디랙 방정식을 통해 기술할 수 있고, 그래서 디랙 입자라고 불린다.

앞에서 말한 반입자의 정의대로 따진다면, 중성미자의 반입자도 다른 모든 성질은 같고 전하만 반대인 입자라고 할 수 있다. 그런데 중성미자는 전하가 0이어서 전하의 반대란 개념이 존재할 수가 없다. 0의 반대를 0이라고 할 수는 있으나, 0은 0과 같으니 중성미자의 반입자는 중성미자와 모든 성질이 같은 입자라고 할 수 있다. 따라서 중성미자를 기술할 때는 입자와 반입자를 구별하는 디랙 방정식까지 굳이 사용할 필요가 없다. 더 간단한 방정식을 써도 된다.

이 점을 최초로 간파한 사람이 에토레 마요라나였다. 마요라나는 중성미자가 스스로 자신의 반입자일 수 있고, 그래서 중성미자는 디랙 방정식이 아닌 보다 단순한 방정식으로 기술될 수 있다는 가능성을 최초로 제시했다. 중성미자가 디랙 입자인지 마요라나 입자인지는 아직 밝혀지지 않았다. 그래서 중성미자의 본질이 디랙 입자인지 마요라나 입자인지를 판단하기 위한 실험들이 계속되고 있고 지금 이 순간에도 많은 과학자들이 실험 결과를 기다리고 있다.

9장 중성미자 전성시대

사라진 천재

시칠리아의 시골 출신인 에토레 마요라나는 어릴 때부터 수학 영재였다. 17살의 나이에 로마 대학에 들어간 마요라나는 원래는 공학을 전공하려 했으나 페르미 연구실에 있던 에밀리오 세그레를 만나면서 전공을 물리학으로 바꾸었다. 23살의 나이에 물리학 박사 학위를 마친 마요라나는 26살이던 1932년 세그레를 따라 페르미 연구실에 들어간다. 폰테코르보보다 한두 해 먼저 '파니스페르나 길의 아이들'이 된 것이다.

이즈음 이렌 졸리오퀴리와 프레데리크 졸리오퀴리 부부는 핵 속에서 양성자를 밀어내는 미지의 중성 입자를 발견했다. 이렌과 프레데리크는 이 중성 입자를 단순한 감마선이라고 학계에 보고했다. 하지만 마요라나는 논문을 보자마자 이 중성 입자는 물리적으로 절대 감마선일 수 없다고 생각해, 이 중성 입자가 양성자와 대등한 질량을 가진 '중성자'라는 주장을 폈다. 마요라나의 주장을 들은 페르미는 마요라나에게 즉각 그 아이디어를 논문으로 발표하라고 지시했지만, 마요라나는 논문 쓰는 일을 차일피일 미루다 결국 논문을 내지 않았다. 얼마 지나지 않아 영국의 제임스 채드윅은 이렌과 프레데리크 부부와 비슷한 실험을 수행하고 이 중성 입자가 중성을 띤 양성자, 즉 중성자라는 사실을 밝혀내면서 중성자 발견의 업적으로 1935년 노벨상을 수상하였다. 이렌과 프레데리크 부부는 중성자를 눈앞에 보고도 그 정체를 눈치채지 못했고, 마요라나는 중성자인지 알고도 발표를 하지 않아 노벨상을 놓쳤다고 할 수 있다.

페르미 연구실에서 뛰어난 능력을 보여준 마요라나는 이탈리아의 정부 장학금을 받아 베르너 하이젠베르크, 닐스 보어와 함께 연구할 수 있는 기회를 갖게 된다. 하지만 하이젠베르크, 보어와의 일은 오래 가지 못했다. 기후와 음식이 다른 북유럽 생활에 익숙지 않았던 마요라나는 심한 위장병을 얻게 되었고, 결국 연구를 할 수 없을 정도로 건강이 나빠져 이탈리아로 돌아갈 수밖에 없었다.

짧은 독일과 덴마크 생활을 마친 마요라나는 이탈리아로 돌아와 집에 처박혀 지내는 은둔자의 삶을 살았고, 당연히 논문을 내는 일은 없었다. 1937년 고향인 시칠리아의 팔레르모 대학에 이론물리학 교수 모집을 위한 공모가 열렸지만, 수년간 논문을 쓰지 않았던 마요라나에게는 지원할 기회가 없어 보였다. 당시의 교수 채용은 우리로 말하면 교육부가 주관했는데 해당 분야에서 우수한 연구자 3명을 뽑아 일등은 공모가 열린 대학에 나머지 두 명은 교수 채용을 희망하는 다른 대학에 보내는 식이었다. 마요라나는 교수직 공모에 나가기 위해 그가 연구해 온 전자와 양전자의 대칭에 관한 논문을 급하게 제출하였고, 다행히 원서 접수 마감일 전에 논문은 출판되었다. 하지만 그때는 팔레르모 대학에 교수로 있던 세그레가 이미 다른 사람에게 교수직을 통보한 상태였다. 다행히 당시 교수 선정 위원회의 위원장을 맡았던 페르미의 강력한 추천으로 마요라나는 팔레르모 대신 나폴리 대학으로 갈 수 있게 되었다. 나폴리 대학에 물리학과 교수로 부임한 마요라나는 한두 달 정도 강의와 연구에 집중하며 잘 지내는 듯했다. 하지만 얼마 지나지 않아 그는 밤배를 타고 갑작스럽게 팔레르모로 돌아갔다. 그리고는 나폴리 대학 물리학 연구소장에게 전보를 한 장 보냈다.

"어찌할 수가 없어 결심했습니다. 저 자신만 생각하고 행동하는 것은 아닙니다. 제가 갑자기 사라지면 소장님과 학생들에게 피해를 줄 거라는 것 잘 알고 있습니다. 지난 수개월 동안 당신이 제게 보여준 신뢰와 제게 베풀었던 친절, 그리고 저에 대한 정을 배반하고 이렇게 떠나게 되어 진심으로 용서를 구합니다."

전보를 보내고 난 마요라나는 다시 한번 알 수 없는 이유로 마음을 바꿔 다음 날 나폴리로 돌아가는 배에 올라탔다. 그러나 정작 나폴리에 도착한 배에서는 어느 누구도 마요라나를 찾을 수 없었다. 사람들은 마요라나가 나폴리로 돌아가는 배에서 바다로 뛰어내려 자살했을 거라 추측했다. 하지만 독실한 가톨릭 신자였던 마요라나와 그의 가족들의 성향을 보아선 절대로 자살일 리 없다는 주장이 지배적이었다. 또 그가 나폴리를 떠나기 전 은행에서 잔고를 모두 찾아간 걸 보면 자살이 아닐 가능성이 더 높아 보였다. 그의 가족은 현상금까지 걸고 마요라나를 찾아 나섰다. 하지만 아무런 소용이 없었다. 마요라나를 아꼈던 페르미는 당시 총리였던 무솔리니에게 편지를 보내 마요라나를 찾아 달라고 간곡하게 부탁했지만 그를 찾을 수는 없었다.

마요라나가 실종되고 어느 정도 시간이 지나자 사람들 사이에 선 그가 수도사가 됐을 거란 추측도 등장했다. 실제로 마요라나를 닮은 수도사를 보았다는 신부도 등장했다. 또 남미에서 그를 보았다는 사람도 나타났고, 시칠리아의 마피아 손에 죽었다거나 나치에 납치되어 핵폭탄을 개발한다는 등 온갖 설이 파다했지만, 그는 다시는 세상에 모습을 나타내지 않았다.

페르미의 평에 의하면 마요라나는 엄청난 재능을 갖고 태어난 천재지만, 딱 한 가지가 부족한 사람이었다고 한다. 그 한 가지는 바로 다른 모든 사람들이 가지고 있는 평범함이었다고 한다.

중성미자 없는 베타붕괴

표준모형의 틀 안에서 중성미자는 다른 모든 페르미온과 똑같이 디랙 입자로 취급된다. 디랙 입자의 특징은 입자와 반입자가 쌍으로 존재한다는 데 있다. 중성미자도 그의 반입자에 해당하는 반중성미자가 있고, 이 둘은 엄연히 다른 입자라고 말할 수 있다. 하지만 앞에서 설명했듯이 마요라나는 중성미자의 경우에는 전하가 없어 중성미자 스스로가 자신의 반입자일 수 있다는 가능성을 제시했고, 이럴 경우 중성미자는 군이 디랙 방정식을 써서 풀 필요없이 더 간단한 방정식으로도 충분히 운동을 기술할 수 있다고 주장했다. 마요라나는 이렇게 중성미자의 성격을 송두리째 바꿔 놓을 수 있는 중요한 가능성을 발견하고도 역시나 논문 쓰기에는 관

9장 중성미자 전성시대

심이 없었다. 마요라나는 자신의 연구 결과를 그저 연습장에 적어 놓고 있을 뿐이었는데, 팔레르모 대학에서 교수직 공모가 났을 때 당시 선정위원장을 맡고 있던 페르미의 강력한 잔소리에 비로소 논문으로 제출했다고 한다.*

만약 중성미자가 디랙 입자가 아니고 마요라나 입자라면, 즉 중성미자의 반입자가 자기 자신인 중성미자라면 어떤 차이가 있을까? 제일 먼저 생각할 수 있는 것은 표준모형을 뜯어고쳐야 한다는 것이다. 더 중요한 것은 중성미자가 마요라나 입자라면 우리가 살고 있는 우주가 왜 반물질은 없고 물질로 가득 차 있는 비대칭 상태인지를 이해할 수 있는 기막힌 설명을 얻게 된다는 점에 있다. 즉, 마요라나 중성미자의 특이한 성질이 입자와 반입자의 대칭성을 깨는 원인이 될 수 있다는 것이다.

그럼 중성미자가 디랙 입자인지 마요라나 입자인지는 어떻게 판별할 수 있을까? 중성미자를 대상으로 하는 모든 실험이 그렇듯이 중성미자가 자신의 반입자라는 것을 증명하는 실험도 꽤나 까다롭다. 실험 내용 자체는 매우 단순하다. 이중베타붕괴 사건이라 불리는 특이한 현상이 존재하는지만 찾으면 된다.

우리는 중성미자 이야기를 베타붕괴를 설명하는 것으로 시작

---

* 중성자 발견에 대한 논문도 안 쓴 전력이 있어서 그런지, 마요라나의 이 논문은 실제 마요라나가 제출한 것이 아니고, 페르미가 마요라나의 계산을 옮겨 적어 논문으로 제출하고, 대신 저자명에 마요라나를 적어 넣었다는 설도 있다.

했다. 원자핵 속 중성자가 붕괴하여 양성자로 바뀌고 전자 하나가 튀어나오는 사건이 베타붕괴였다. 그리고 베타붕괴에서 나오는 전자의 운동 에너지가 제멋대로라서, 에너지 보존을 위해 도입한 가상의 입자가 중성미자였다. 이 중성미자는 엄밀히는 반중성미자다.

그런데 만약 핵 속에서 베타붕괴가 동시에 두 번 일어나면 어떻게 될까? 베타붕괴는 양자역학적 현상이다. 따라서 베타붕괴가 일어날 확률이 존재한다면, 베타붕괴가 동시에 두 번 일어날 확률도 존재하기 마련이다. 이렇게 베타붕괴가 이중으로 일어난다면 그 반응식은 당연히 아래와 같을 것이다. 그리고 이때 튀어나오는 2개의 전자도 모두 각기 제멋대로의 에너지를 가지고 나올 것으로 예상된다.

$$2n \rightarrow 2p + 2e^- + 2\bar{\nu}$$

그런데 만약 중성미자가 자신의 반입자라면, 즉 중성미자가 마요라나 입자라면 어떤 일이 벌어질까? 중성미자와 반중성미자가 같다는 이야기로, 이는 곧 입자와 반입자가 서로 소멸하여 중성미자가 사라질 수 있음을 나타낸다. 이럴 경우에 이중베타붕괴 사건은

$$2n \rightarrow 2p + 2e^-$$

2개의 중성자가 양성자 2개와 전자 2개로 바뀌게 되어, 최종 상

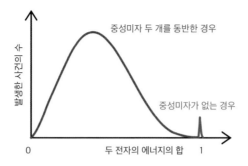

중성미자가 마요라나 입자일 경우에는, 베타붕괴가 두 번 동시에 일어날 때 중성미자가 서로 소멸하는 사건이 나타날 수 있다. 이때 나오는 두 전자의 에너지 합은 중성미자의 에너지와 상관이 없어 일정한 값이 된다. 따라서 대부분의 경우 두 전자의 에너지 합이 파란색 곡선처럼 다양한 값을 갖겠지만, 매우 드물게 붉은색 부분과 같이 특정값에 피크가 나타날 수 있다. 바로 이 피크의 존재 여부가 중성미자의 본질을 결정할 것이다.

태에 중성미자가 없다는 특징을 갖게 된다. 이런 특이한 사건을 '중성미자 없는 이중베타붕괴Neutrinoless Double Beta Decay, NDBD'라고 부른다.

　이제 앞에서 말한 내용을 종합해 보자. 중성미자가 디랙 입자라면, 전자 두 개가 튀어나오는 이중베타붕괴 사건은 단순히 베타붕괴 사건 두 개의 합이다. 따라서 중성미자 두 개가 반드시 발생한다. 하지만 중성미자가 마요라나 입자라면 이야기는 다르다. 이 경우에는 두 개의 중성미자를 동반하는 이중베타붕괴 사건이 대부분이겠지만, 아주 가끔 중성미자가 전혀 나타나지 않는 이중베타붕괴 사건이 발생한다.

그럼 중성미자가 없는 이중베타붕괴 사건은 어떻게 찾아낼 수 있을까? 이는 매우 간단하다. 중성미자가 없는 경우에는 두 전자의 에너지 합이 정확히 중성자 두 개와 양성자 두 개의 질량 차이가 되므로, 특정한 에너지 값을 갖게 된다. 그래서 두 전자의 에너지를 합쳐서 그래프로 그려보면 앞에 나온 그림을 얻을 것으로 예상된다.

중성미자 없는 이중베타붕괴 사건이 실제로 관측된다면, 이는 표준모형을 송두리째 바꿔야 할 진짜 획기적인 발견이 될 것이다. 노벨상이 주어질 것이라는 것은 두말하면 잔소리다. 그래서 지금 이 순간에도 중성미자 없는 이중베타붕괴 사건을 보기 위해 숨 막히는 경쟁이 벌어지고 있는 것이다. 현재 전 세계적으로 진행되고 있는 이중베타붕괴 실험의 수만 봐도 경쟁이 매우 치열하다는 것을 알 수 있다. 우선 이탈리아 그랑사소의 지하 실험실에서는 코브라COBRA, 쿠오레CUORE, 제르다GERDA, 루시퍼LUCIFER 등의 실험이 있고, 미국에서는 엑소-200EXO-200과 샌퍼드 연구소에서 진행되는 엑소EXO 및 마요라나MAJORANA라는 실험이 있다. 일본에서는 가미오카 광산의 지하 실험실에서 캔들스CANDLES와 칼랜드-젠KamLANDZen, 그리고 DCBA란 실험이 수행되고 있고, 캐나다에서는 SNO에서 수행되는 SNO+ 실험, 그리고 프랑스에서는 니모NEMO와 슈퍼니모SuperNEMO 실험이 진행되고 있다. 우리나라에서도 기초과학연구원의 지하실험연구단이 추진하는 아모레AMoRE 실험이 있다.

이들 실험 중 누가 먼저 중성미자 없는 이중베타붕괴 사건을 관측하게 될지는 알 수 없다. 어쩌면 이들 모두 관측에 실패할 수도 있다. 하지만 어떤 식으로 결론이 나든 그 결과는 입자물리학 교과서를 새로 쓸 새로운 발견이 될 것임에는 틀림없다.

오른손잡이 중성미자도 있을까

중성미자 물리학에는 '중성미자가 디랙 입자냐 마요라나 입자냐'보다 더 큰 질문이 하나 남아 있다. 바로 '오른손잡이 중성미자는 존재하는가'라는 문제다.

표준모형에 나오는 페르미온은 모두 스핀이 1/2이다. 앞에서 설명한 표준모형의 입자 분류표를 다시 한번 떠올려 보면, 페르미온은 모두 3개의 세대가 있고, 세대마다 쿼크와 렙톤이 각각 한 쌍씩 있다. 따라서 세대마다 4개의 입자가 있고, 총 3개의 세대라는 것을 고려하면 전부 12개의 페르미온이 존재한다. 물론 각각의 입자에는 반입자가 있다.

우선 입자의 스핀을 쉽게 설명하기 위해 야구공의 회전을 한번 생각해 보자. 편의상 공의 표면이 완전히 매끄러워 위아래 좌우를 전혀 구별할 수 없다고 하자. 이 공을 왼손잡이 투수가 던져 왼쪽 스핀을 준 것을 그림의 왼쪽에 그려 놓았다.

그럼 이제 이 공의 위아래를 뒤집으면 어떻게 될까? 그림 오른쪽의 공에서 볼 수 있듯이 이 야구공은 오른쪽으로 돌게 된다. 이는 곧 입자의 위아래를 구별할 수 없다면 입자가 왼쪽 스핀을 가졌는지 오른쪽 스핀을 가졌는지는 보는 방향에 따라서 달라진다

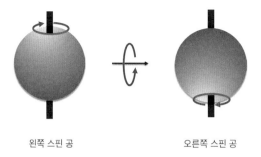

왼쪽 스핀 공   오른쪽 스핀 공

왼쪽 그림은 야구공에 왼쪽 스핀을 준 모습이다. 오른쪽 그림은 왼쪽의 공을 위아래로 뒤집어 놓은 것이다. 스핀의 방향이 바뀐 것을 알 수 있다

는 얘기다.*

　그럼 이번에는 시선을 바깥으로 돌려 우주에서 스핀의 방향이 달라지는 예를 한번 보자. 허블망원경의 딥 필드^{Hubble Deep Field} 영상을 보면 무수히 많은 은하를 볼 수 있다. 이 사진을 펼쳐 놓고 위에서 내려다보면 시계 방향으로 도는 은하와 시계 반대 방향으로 도는 은하가 고루 섞여 있는 것 같다. 그런데 은하의 경우에는 딱히 어디가 위고 어디가 아래인지 구별할 방법이 없다. 그래서 위에서 시계 방향으로 도는 걸로 보이는 은하도 반대편에서 보면 시계 반대 방향으로 도는 것처럼 보이게 된다. 은하가 시계 방향 혹

---

*　물론 이 이야기를 지구에 적용할 수는 없다. 지구는 지표면에 대류가 불균일하게 자리잡고 있어 상하좌우가 분명하게 구별된다. 그래서 지구는 위아래로 뒤집어도 언제나 서쪽에서 동쪽으로 회전한다.

| 왼손 꽈배기 | 오른손 꽈배기 | 좌우로 180도 돌린
오른손 꽈배기 | 아래위를 뒤집은
오른손 꽈배기 |

왼손 꽈배기는 꽈배기가 꼬인 방향이 왼손으로 감았을 때와 같은 방향의 꽈배기고, 오른손 꽈배기는 꼬인 방향이 오른손으로 감았을 때와 같은 방향이다. 오른손 꽈배기는 좌우로 돌리거나 위아래로 뒤집어도 왼손 꽈배기와 같지 않다

은 시계 반대 방향으로 회전한다고 말하는 것은 위에서 보는지 아래에서 보는지에 따라 달라지는 것이다. 즉 관측자의 위치에 따라 스핀의 방향이 바뀌는 것이다.

그런데 꽈배기에 스핀을 적용해 보면 야구공이나 은하와는 전혀 다른 이야기가 된다. 그림에서 보는 바와 같이 오른손 꽈배기는 좌우로 돌리거나 위아래로 뒤집어도 왼손 꽈배기가 될 수 없다. 이런 예는 우리 생활에서 꽤 접할 수 있다. 대표적인 것이 왼나사와 오른나사다. 물론 우리가 일상에서 접하는 나사의 대부분은 오른나사다. 하지만 여름내 잘 사용한 선풍기를 청소한다고 분해하다 보면, 날개를 고정하는 나사의 골이 왼쪽으로 돌아가고 있다. 선풍기 날개가 회전할 때 빠지지 않도록 하기 위해서다. 자전거도 오른쪽 페달은 오른나사를 사용하지만, 왼쪽 페달은 왼나사로 조여 있다. 이처럼 회전축을 중심으로 좌우가 비대칭이라 머리와 꼬리

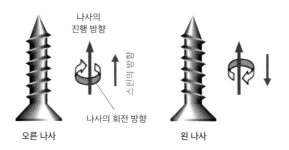

오른 나사   왼 나사

스핀의 방향은 물체의 회전 방향을 따라 오른손으로 물체를 감을 때 엄지가 가리키는 쪽이다. 물체의
진행 방향과 스핀의 방향이 같으면 양의 나선도, 반대면 음의 나선도를 갖는다고 정의한다.

쪽을 구별할 수 있다면, 왼쪽 스핀과 오른쪽 스핀은 특별한 의미를
갖게 된다.

머리 쪽과 꼬리 쪽을 구분할 수 없더라도 입자가 움직이게 되면
왼쪽 스핀과 오른쪽 스핀은 확연히 구별된다. 앞에서 이야기한 좌
우와 위아래를 구분할 수 없는 완전히 매끈한 야구공을 다시 한번
떠올려 보자. 이번에는 멈춰 있는 야구공이 아니라 날아가는 야구
공이다. 이 경우에는 진행 방향을 기준으로 야구공이 왼쪽으로 돌
고 있는지 오른쪽으로 돌고 있는지가 분명하다. 그래서 운동 중인
입자는 왼손잡이 입자인지 오른손잡이 입자인지 명확히 구별해
낼 수 있다.

이는 나선도helicity란 개념을 도입하면 좀 더 직관적으로 설명할
수 있다. 나선도란 입자들이 날아가는 방향과 스핀의 방향이 평행
한지 아니면 반대 방향인지를 말해준다. 그림에 나온 것처럼 두 나

9장 중성미자 전성시대

	왼손잡이 페르미온			오른손잡이 페르미온		
	1세대	2세대	3세대	1세대	2세대	3세대
렙톤	e_L	μ_L	τ_L	e_R	μ_R	τ_R
	ν_{eL}	$\nu_{\mu L}$	$\nu_{\tau L}$			
쿼크	u_L	c_L	t_L	u_R	c_R	t_R
	d_L	s_L	b_L	d_R	s_R	b_R

사 모두 박히는 방향은 같지만 오른나사와 왼나사는 서로 다른 나선도를 갖는다.

입자의 세계도 마찬가지로, 입자는 왼손잡이 입자와 오른손잡이 입자로 구분할 수 있다. 전자도 왼손잡이 전자와 오른손잡이 전자로 나눌 수 있다. 쿼크도 모두 왼손잡이 쿼크와 오른손잡이 쿼크로 나눌 수 있다. 그렇게 표준모형에 나오는 입자들을 왼손잡이 입자와 오른손잡이 입자로 나누어 보면 다음과 같다.

눈치 빠른 독자라면 금세 알아차렸겠지만, 오른손잡이 중성미자가 표에서 지워져 있다. 실수로 안 적어 넣은 것이 아니다. 그냥 자연계에는 오른손잡이 중성미자가 없기 때문에 써 넣지 않은 것뿐이다. 이는 약한 상호작용에서 반전성 깨짐을 입증한 우젠슝의 실험을 비롯해 무수히 많은 실험을 통해 얻어진 결론이다.

그럼 오른손잡이 중성미자는 진짜로 없는 것일까 아니면 발견하기 더 어려운 것일 뿐일까? 중성미자는 전하가 없으므로 전자기 상호작용을 하지 않는다. 따라서 전기장이나 자기장에 영향을 받지 않는다. 또 강력에도 해당 사항이 없다. 왼손잡이 중성미자는 그나마 약한 상호작용이라도 하기 때문에, 검출하기가 쉽지 않아 그렇지 검출이 아예 안 되는 것은 아니다. 그런데 오른손잡이 중성 미자는 약한 상호작용마저도 하지 않기 때문에, 검출을 기대하는 것 자체가 무리다. 검출되지 않으니 존재하지 않는다고 해도 좋을 것이다.

비활성 중성미자를 찾아라

그래도 다시 한번 상상력을 발휘해 약한 상호작용마저도 하지 않는 오른손잡이 중성미자가 실제로 존재한다고 가정해 보자. 이 입자는 사실상 발견할 방법이 없어 물리학자들은 이 중성미자를 비활성 중성미자sterile neutrino라고 부른다.

비활성 중성미자는 마치 수학의 미지수처럼 물리학의 여러 문 제들에 해결의 실마리를 제공할 것으로 기대를 모으고 있다. 예를 들어 비활성 중성미자의 질량이 매우 크다고 한번 가정해 보자. 그 러면 이 무거운 중성미자는 전자기력, 약력, 강력에는 영향을 받 지 않지만 중력에는 영향을 받게 될 것이다. 다른 어떤 상호작용도 하지 않고 중력에만 영향을 미치는 물질을 암흑물질이라고 한다. 그러면 비활성 중성미자는 암흑물질의 매우 유망한 후보 물질이 된다. 다만 이 비활성 중성미자가 보통의 중성미자와 달리 무거워 야 한다는 제약이 있을 뿐이다.

앞서 중성미자 없는 이중베타붕괴 실험과 같이 비활성 중성미자를 찾는 실험도 세계 곳곳에서 진행되고 있다. 프랑스의 연구진은 원자력 발전소에서 나오는 중성미자의 진동을 측정한 결과 우리가 알고 있는 세 가지 중성미자 외에 네 번째 중성미자가 존재한다는 간접적인 증거를 제시하기도 하였고, 중국의 다야베이 실험에서도 비활성 중성미자가 있어야 한다는 결과를 얻기도 했다. 하지만 원자로를 이용한 실험에서는 원자로에서 나오는 중성미자의 양이 불확실해, 이를 근거로 비활성 중성미자에 대한 결론을 내기에는 무리가 따른다는 것이 중론이다. 또 우주 배경 복사를 관측하는 플랑크 위성의 측정에 따르면 수 전자볼트의 질량을 갖는 비활성 중성미자가 있어야만 한다는 주장이 제기되었고, 페르미연구소의 미니분^{MiniBooNE} 실험에서도 비활성 중성미자가 있어야 설명이 가능한 실험 결과를 얻기도 했다. 하지만 아직까지 비활성 중성미자가 존재한다는 확실한 실험 결과는 나오지 않고 있다. 비활성 중성미자를 찾기 위한 실험은 이제 막 시작 단계에 있고, 암흑물질 탐색과 함께 입자물리학 분야의 큰 화두가 되고 있다.

글을 마치며

    중성미자는 물리학의 여러 영역 중에서도 전문성이 가장 강한
연구 분야다. 정확한 통계에 근거한 것은 아니지만, 입자물리학자
가 열 명이 있다면 대략 그중 한 명 정도가 중성미자 연구에 매진
하고 있다고 할 수 있다. 필자 역시 대학에서 입자물리학을 가르
치고 있고, 또 관심을 갖고 중성미자 학술대회에 참가하고 있지만,
중성미자 연구가 진짜 전공은 아니다. 우리나라에서도 한때 물리
학 붐이 일어난 적이 있지만, 지금은 고등학생들의 최고 기피 과목
이 되었고, 또 물리학과가 있는 대학의 수 자체도 크게 줄어 우리
나라의 물리학자 수는 선진국에 비해 절대적으로 적은 상태다. 물
리학 전공자 전체가 줄고 있으니, 입자물리학 전공자의 숫자는 더
적을 것이고, 그중에서도 중성미자를 전공하는 입자물리학자의
수는 정말 몇 명 안 될 것이다.

하지만 사막에서도 꽃은 피어나듯이, 우리나라에도 묵묵히 한 우물을 파고 있는 중성미자 과학자들이 있다. 변변한 기초 과학 프로젝트가 없던 1980년대에 옆 나라 일본에서 카미오칸데 실험이 시작된다는 소식은 그저 돈 많은 남의 나라 이야기에 불과했고 심드렁한 부러움의 대상일 뿐이었다. 게다가 1997년 국가 부도 사태까지 맞으며 나라 전체가 힘든 시기에 입자물리학 연구 시설을 건설한다는 것 자체가 사치에 가까운 일이기도 했다. 하지만 온 국민이 합심하여 드라마보다 더 극적으로 우리는 몇 년 만에 IMF 구제 금융의 빚을 청산했다. 2000년대에 들어서자 정부와 국민들 사이에 기초과학이 중요하다는 인식이 생겨나기 시작했고, 기초과학 연구에 비교적 큰 규모의 연구비가 지원되기 시작했다.

2002년 노벨상 수상 소식이 전해지면서 중성미자란 이름이 일반인들 사이에도 알려지기 시작했고, 고시바의 성공 사례가 여러 차례 회자되었다. 이 무렵 중성미자 진동은 이미 확고한 사실이었고, 전자 중성미자, 뮤온 중성미자, 타우 중성미자가 각각 1번, 2번, 3번 중성미자가 적당히 섞여 만들어진다는 사실도 알려져 있었다. 중성미자들이 섞여 있는 정도를 나타내는 PMNS 행렬에서 특히 관심을 끌었던 주제는 1번 중성미자와 3번 중성미자의 섞임각이었다. 1번과 2번의 섞임을 나타내는 θ_{12}와 2번과 3번의 섞임을 나타내는 θ_{23}이 비교적 잘 측정된 데 비해, θ_{13}의 값은 제대로 알려져 있지 않은 상태였다.

θ_{13}을 측정하기 위한 프랑스의 더블슈 실험과 중국의 다야베이

실험은 2000년대 중반부터 가동 중이었다. θ_{13}을 측정하기 위해서는 중성미자를 많이 방출하는 원자력 발전소와 중성미자 검출기가 필요했다. 당시 서울대 김수봉 교수를 중심으로 한 일련의 과학자들은 과학기술부(현재 과학기술정보통신부)를 찾아갔고, 2006년 마침내 100억 원의 연구비 지원을 약속받았다. 대한민국 최초의 중성미자 실험인 리노Reactor Experiment for Neutrino Oscillation, RENO가 시작된 순간이었다.

실험은 한국인 특유의 집중력과 속도전으로 진행되었다. 검출기 설계는 1차 연도에 바로 완성되었고, 2007년 지질 조사를 마치고, 2008년에는 검출기를 놓을 지하 실험실이 완공되었다. 2009년 지하 실험실에 전기가 들어오고, 높이 4.4미터, 직경 2.8미터의 대형 아크릴 탱크가 마련되었다. 모든 설비를 우리 기술로 만들고 있었지만, 유일하게 국산화가 안 된 부품이 광증배관이었다. 광증배관만큼은 일본의 하마마츠 제품을 쓸 수밖에 없었다. 중국이 다야베이 실험에 600억을 지원하고 프랑스가 검출기 제작에만 350억 원을 배정한 것에 비하면, 100억 원의 연구비로 동일한 결과를 만들어 낸다는 것은 기적과 같은 일이었다.

2012년 3월, 한국의 리노 실험진은 마침내 θ_{13}의 측정 결과를 발표했다. 아쉽게도 θ_{13}의 측정값은 다야베이에서 조금 먼저 발표되었다. 사실 프랑스의 더블슈 실험까지 세 나라의 실험 결과는 모두 비슷한 시기에 발표되었다. 프랑스와 중국이 실험을 삼사 년 먼저 시작한 것을 감안하면, 우리나라의 리노 실험은 프랑스와 중국의 실험을 빠르게 따라잡은 것이고, 운이 조금만 따랐다면 아마 세계 최초도 가능했을 것이다. 이렇게 실험이 신속하게 진행된 가장 큰 이유는 우선 영광 원자력 발전소의 출력이 매우 크다는 것에 기인하지만, 우리 연구자들의 부지런함과 혼신의 노력이 없었다면 아무래도 불가능했을 것이다.

2014년 리노는 원자력 발전소에서 나오는 중성미자의 에너지를 측정해 5메가전자볼트 영역에서 중성미자의 양이 느닷없이 많아진다는 사실을 세계 최초로 발견했다. 이 발견은 곧 다야베이와 더블슈 실험에 의해서 확인되었고, 공식적으로 중성미자 실험에서 우리나라가 이룬 최초의 발견으로 인정받고 있다.

리노의 성공에 힘입어, 리노의 물리학자들과 새로이 의기투합한 일군의 과학자들은 한국중성미자관측소^{Korea Neutrino Observatory, KNO}를 추진하고 있다. KNO는 일본의 하이퍼-카미오칸데와 비슷한 규모이거나 더 크게 건설될 예정이다. 장소는 경상북도 보현산과 대구의 비슬산이 검토되고 있다. KNO가 건설되면 우리나라도 당당히 중성미자 관측소를 운영하는 나라에 들어가게 되고, 다른 나라의 중성미자 망원경과 연결되어 다중신호 천문학 연구에 박차를 가할 수 있게 된다. 이뿐 아니라 일련의 한국 출신 중성미자 물리학자들이 듄 실험에도 기여하고 있다.

2000년대에 들어 부쩍 일본 과학자들이 노벨상을 수상하면서, 우리나라에서도 기초과학에 대한 투자가 늘어나고 있다. 그중 가장 큰 변화는 기초과학 연구 자체를 목적으로 하는 국립 연구소가 생겼다는 점이다. 바로 2012년 출범한 기초과학연구원Institute for Basic Science, IBS의 탄생이다. IBS에서는 리노의 연구원이었던 김영덕 단장이 지하물리실험실Center for Underground Physics, CUP을 꾸려 중성미자 연구에 몰두하고 있다. CUP에서는 현재 중성미자 없는 이중베타붕괴 실험, 암흑물질 탐색, 비활성 중성미자 탐색 등 다양한 중성미자 실험을 수행하고 있다. CUP은 또한 강원도 정선의 지하 1000미터 공간에 2000제곱미터에 달하는 거대한 지하 실험실을 구축하고 있다. 지하 실험실이 완성되는 대로 앞에서 언급한 실험과 다른 여타의 프로젝트를 추진할 계획이다.

 기초과학연구원은 또한 우리나라 최초로 물리학 연구를 목적으로 한 중이온 가속기를 건설하고 있다. 중이온 가속기의 원래 목적은 희귀한 동위원소를 만들어 내고, 그 원소들의 원자핵을 조사해 우주의 원자핵 합성에 대한 지식을 넓히는 데 있다. 또한 아주 무거운 새로운 핵을 만들어 내 주기율표에 없는 새로운 원소인 코리아늄(가칭)을 찾는 일도 목표로 하고 있다. 아직 계획에는 없지만 중이온 가속기의 빔이 고에너지로 가속된다면 중성미자를 만들어 내는 장치로도 활용할 수 있을 것이다. 그렇게 되면 우리나라도 중성미자를 만들어 낼 수 있는 가속기를 갖게 되는 셈이다. 한국중성미자관측소와 정선의 지하실험실, 그리고 중이온 가속기가 잘 어우러진다면, 비록 늦게 출발했지만 우리나라가 중성미자 연구의 중심지가 될 날도 올 수 있지 않을까하는 바람으로 이 책을 마무리한다.

글을 마치며

참고 자료

2장

- 지노 세그레, 베티나 호엘린, 『엔리코 페르미 평전』, 반니(2019).

3장

- Francesco Guerra & Nadia Robotti, "The Beginning of a Great Adventure: Bruno Pontecorvo in Rome and Paris" in *The legacy of Bruno Pontecorvo: the Man and the Scientist*, Rome, September 2013: 11-12.
- Freeman Dyson, "Scientist, Spy, Genius: Who Was Bruno Pontecorvo?", *The New York Review of Books*(2015).
- Raymond Davis Jr., "A Half-Century With Solar Neutrinos", The Nobel Lecture 2002.
- Raymond Davis Jr., "Attempt to Detect the Antineutrinos from a Nuclear Reactor by the $Cl^{37}(\bar{\nu}, e^-)Ar^{37}$ Reaction", *Physical Review* **97** (1955): 766-69.
- Raymond Davis Jr., "The Neutrino: From Poltergeist to Particle", The Nobel Lecture 1995.
- Frederick Reines & Clyde Cowan, "The Reines-Cowan Experiments: Detecting the Poltergeist", *Los Alamos Science* 25 (1997): 4-27.

5장

- Ray Jayawardhana, *Neutrino Hunters*, Harper Collins(2014).
- Frank Close, *Neutrino*. Oxford University Press(2010).
- Ulrich F. Katz & Christian Spiering, "High-Energy Neutrino Astrophysics: Status and Perspectives", arXiv:1111.0507(2011).

- John N. Bahcall, "What Have We Learned about Solar Neutrinos?" Beam Line 24 Fall/*Winter*(1994): 10-18.
- Koshiba, M. "Birth of Neutrino Astrophysics." in Nobel Prizes 2002: *Nobel Prizes, Presentations, Biographies, & Lectures* (Tore Frängsmyr ed.) Nobel Foundation(2003): 84-98.
- Gibney, E. "How to Blow Up a Star", *Nature* 556 (2018): 287-89.
- 고시바 마사토시, 『중성미자 천문학의 탄생』, 전파과학사(1998).
- Kajita, T. "Discovery of Atmospheric Neutrino Oscillations", Nobel Lecture 2015.
- Allen, R., Doe, P., and Reines, F. "Herbert H. Chen", *Physics Today* 41, 9 (1988): 128.
- Sobel, H. and Suzuki, Y. "Yoji Totsuka", *Nature* 454(2008): 954.

9장

- SNO Collaboration, "Measurement of the Rate of $\nu_e + d \rightarrow p + p + e^-$ Interactions Produced by 8B Solar Neutrinos at the Sudbury Neutrino Observatory", *Physical Review Letters*, **87** 071301(2001).
- 카르스텐 로트, 강우식, "아이스큐브 중성미자 망원경", 『물리학과 첨단기술』 12월호(2018).
- Francesco Guerra & Nadia Robotti, N. "Majorana and neutrinos", *History of the Neutrino*, September(2018): 5-7.
- Antonino Zichichi, "Ettore Majorana: Genius and Mystery", *CERN COURIER*, July(2006).

그림 출처

20~21쪽	p4lm3r
26쪽	Reidar Hahn/Fermilab/US Department of Energy
29쪽	Lauren Biron/Fermilab
41쪽	Pauli Letter Collection/CERN
44쪽	Everett Collection/University of Chicago
64, 88, 95쪽	Los Alamos National Laboratory
100~101쪽	(CC-SA-BY) TQB1
104쪽	Cornell University
124, 130, 133, 146쪽	Brookhaven National Laboratory
141쪽	John N. Bahcall and Aldo M. Serenelli (2005) *Astrophysical Journal* 626 530
174~175쪽	KATRIN/Karlsruhe Institute of Technology
178, 214, 240쪽	Kamioka Observatory/Institute for Cosmic Ray Research/ University of Tokyo
181쪽	Ulrich F. Katz, Christian Spiering (2011) "High-Energy Neutrino Astrophysics: Status and Perspectives", doi:10.1016/j.ppnp.2011.12.001
199쪽	T2K Collaboration/KEK/ICR/ UTokyo/J-PARC
212쪽	Ernest Orlando Lawrence Berkeley National Laboratory/ Sudbury Neutrino Observatory
222쪽	R. Svoboda and K. Gordan/LSU
225쪽	Christopher Tietz, Ruhr-Universitat Bochum
233쪽	Arthur B. McDonald, CERN Colloquium (2017)
235쪽	Sudbury Neutrino Observatory
237쪽	Arthur B. Mcdonald, Nobel Lecture 2015

244, 261쪽	IceCube Collaboration
253쪽	*CERN Courier*, "Neutrinos on nuclei", 22 Sep 2017
255쪽	Fermilab/CERN/University of Texas, Arlington
258쪽	François Montanet, CNRS/IN2P3
263쪽	R. Svoboda & K. Gordan/LSU, NRAO/AUI, National Solar Observatory at Kitt Peak/NOAO, ISAS/ Yohkoh team/Lockheed Palo Alto Research Laboratory, Solar Dynamics Observatory, Solar Dynamic Observatory

중성미자 연구 주요 이정표

연도	주요 사건
1895~1910	- 엑스선과 방사선이 발견되고, 원자핵의 존재가 밝혀짐. - 특수상대성이론이 나오고, 막스 플랑크의 양자화 가설이 나옴.
1911	- 리제 마이트너와 오토 한이 베타입자의 에너지가 알파입자와 달리 여러 값을 갖는다는 것을 보임.
1920~1929	- 제임스 채드윅 등 여러 물리학자들이 베타선의 에너지가 연속적임을 확인함. - 닐스 보어, 양자세계에서는 에너지 보존 법칙이 깨질 수 있다는 가정을 함.
1930	- 볼프강 파울리, '방사선 신사숙녀들에게'란 편지에서 검출되지 않는 입자가 존재할 것임을 예견. 이를 중성자라 부름.
1932	- 채드윅, 양성자와 대등한 질량을 갖는 진짜 중성자를 발견.
1933	- 엔리코 페르미, 페르미 상호작용을 도입하여 베타붕괴를 설명함.
1935	- 유카와 히데키, 강한 핵력을 설명할 수 있는 중간자 이론을 발표.
1937	- 칼 앤더슨, 우주선 속에서 새로운 입자를 발견하고 메조트론이라 명명함. - 유카와가 예견한 중간자가 아닐까 생각되었으나, 핵력과는 관계가 없는 전자와 같은 입자로 밝혀짐. 뮤온으로 명명됨. - 에토레 마요라나, '마요라나 페르미온'의 존재 가능성 주장.

1938	- 페르미, 노벨상 수상 후 미국으로 망명.
	- 한스 베테, 워싱톤 이론물리학회 참석 후, 코넬대로 돌아오는 기차에서 탄소-질소-산소(CNO) 순환 과정을 발견.
	- 마요라나, 실종됨.
	- 마이트너와 한, 핵분열 발견.
1939	- 베테, 별 내부의 핵융합 과정을 기술하는 논문 발표.
1945	- 맨해튼 프로젝트의 결과물로 트리니티 원폭 실험 수행.
	- 히로시마와 나가사키에 원자탄이 투하됨.
1946	- 폰테코르보, 염소-아르곤 반응을 통한 중성미자 탐색 방법을 최초로 제시.
1947	- 프레더릭 라이네스, 폰테코르보의 논문을 읽음.
	- 캐나다, 고출력 원자로 NRX 완공.
	- 폰테코르보, 뮤온이 무거운 전자일 것이라고 주장.
	- 세실 파월, 파이 중간자 발견.
1948	- 레이 데이비스, 브룩헤이븐 연구소에 취업. 폰테코르보의 논문을 읽음.
	- 잭 스타인버거, 뮤온 붕괴 실험을 통해 뮤온이 전자와 두 개의 미지의 입자를 동반하여 붕괴함을 입증함.
	- 파인만 등에 의해 양자전기동력학(QED)이 만들어 짐.
1949	- 폰테코르보, 영국 하월연구소로 이직.
1950	- 폰테코르보, 이탈리아 휴가 중 소련으로 망명.
1951	- 라이네스, 안식년 기간에 페르미를 만남. 원자탄을 터뜨려 중성미자를 찾는 실험을 계획함.
	- 라이네스, 프린스턴 방문 중 비행기 고장으로 켄사스시티에 비상 착륙하고, 그때 코완을 만남. 중성미자를 찾자고 결의.
1952	- 라이네스와 코완, 원자탄 대신 원자로를 사용해 중성미자 탐색 실험을 하기로 실험 방법을 변경.
1953	- 라이네스와 코완, 워싱턴주 핸퍼드에 최초의 중성미자 검출기를 설치해 실험을 개시. '폴터가이스터 프로젝트'로 명명.

중성미자 연구 주요 이정표

1954	- 데이비스, 브룩헤이븐의 그래파이트 연구로(Graphite Research Reactor)에서 염소-아르곤 중성미자 검출 실험을 함 (염소 1000갤런).
1955	- 데이비스, 사우스캐롤라이나주 서배너강 사이트에서 재실험 수행. 중성미자 발견에 실패.
	- 라이네스와 코완, 업그레이드된 실험 장비를 서배너강 실험실에 설치하고 실험 개시 (700메가와트 원자로를 이용함).
1956	- 라이네스와 코완, 원자로 중성미자 발견, 파울리에게 전보를 보냄 (6월).
1957	- 폰테코르보, 중성미자가 질량이 있을 경우, 중성미자-반중성미자 사이의 진동이 있을 수 있다고 예견.
1958	- 태양에서 헬륨이 만들어지는 새로운 방법이 알려짐.
	- 윌리엄 파울러, 데이비스에게 태양 중성미자를 발견할 수 있을 것이라 예견하는 편지를 보냄.
1959	- 레이 데이비스, 사반나 실험에 쓰던 탱크를 옮겨와 오하이오주 바버튼 석회암 광산, 지하 700미터에 설치하고 실험을 수행, 결과는 또 실패 (우주선 잡음이 더 컸음).
	- 폰테코르보, 뮤온 중성미자와 전자 중성미자가 서로 다를 것이라고 예측. 논문은 소련의 물리 학회지에 실려 서방에는 늦게 알려짐.
	- 폰테코르보, 가속기 빔을 이용한 중성미자 실험을 제안.
1962	- 데이비스가 바칼에게 편지를 써서 태양 중성미자의 양을 계산해 줄 것을 요청.
	- 레더먼, 슈워츠, 스타인버거에 의해 뮤온 중성미자의 존재가 확인됨.
1963	- 바칼의 결과가 나옴. 데이비스의 4000리터 검출기로는 100일에 한 개 정도의 태양 중성미자가 검출될 것으로 예상.
	- 데이비스, 40만 리터 실험 계획 발표.
	- 머리 겔만과 조지 츠바이크, 쿼크 이론 제안.
1964	- 데이비스와 바칼이 각기 《피지컬 리뷰 레터》에 논문을 발표. 데이비스는 바버튼 광산 실험 결과를 발표
	- 《타임》에 "천체물리학, 중성미자로부터 배우다(Astrophysics: Learning from Neutrinos)"란 기사가 실림. 이 기사는 홈스테이크 광산을 실험 장소로 얻어 내는 데 큰 도움이 됨.

1965	- 홈스테이크 광산이 준비됨
1966	- 염소 40만리터 실험 준비 완료. 폰테코르보가 염소 실험을 처음 제안한 지 20년 만에 제대로 된 실험 장비가 구축됨.
1968	- 데이비스, 2년간의 실험 결과 발표. 바칼의 이론치는 7.5 SNU이고, 실험값은 3 SNU여서 논란이 시작됨. - 폰테코르보 중성미자 진동을 태양 중성미자 수수께끼의 해결책으로 제시.
1971	- 레이 데이비스, 가장 긴 통계적 요동 발생. 두 달 간 태양 중성미자가 관찰되지 않음.
1972	- 데이비스 4년의 추가 실험 결과 발표. 이론값도 많이 정밀해졌으나, 결과는 여전히 실험값이 이론값에 비해 반 이하의 값을 가짐이 확인 됨.
1975	- 마틴 펄에 의해 타우 입자가 발견되어, 제3세대 중성미자인 타우 중성미자도 존재할 것이 확실해 짐.
1978	- 데이비스 실험 10년차. '태양 중성미자 문제'가 널리 알려짐
1983	- 고시바 마사토시, 카미오칸데 실험을 시작. 양성자의 붕괴를 관측하여 대통일이론을 검증하고자 하였으나, 실험 결과는 부정적.
1985	- 카미오칸데 실험을 통해 양성자가 붕괴하지 않는다는 잠정 결론을 내고, 검출기 업그레이드에 집중함.
1987	- 1987A 초신성 폭발. 카미오칸데에서 초신성이 내보낸 중성미자를 관측함. - 허버트 첸의 죽음으로 아서 맥도널드가 SNO의 대표로 일하게 됨. 1989년에 SNO 추진을 위한 예산을 마련함.
1990	- CERN의 4개의 LEP 실험 결과, 중성미자는 3종류만 있음이 확인됨.
1991	- 일본 정부, 슈퍼-카미오칸데 건설 예산 승인.
1995	- 라이네스, 중성미자 발견으로 노벨상 수상.
1996	- 도쓰카 요지, 슈퍼-카미오칸데 완공.
1998	- 슈퍼-카미오칸데, 대기 중성미자에 대한 연구 결과를 발표 (발표 즉시 노벨상을 예약했다는 평을 받음).
1999	- SNO, 10년간의 건설을 마치고, 중성미자 계수를 시작함.

중성미자 연구 주요 이정표

2000	- 도넛(DONUT) 실험에서 타우 중성미자가 발견됨. 이로써 표준모형에 나오는 12개의 페르미온 입자가 모두 발견됨.
2001	- 슈퍼-카미오칸데의 광증배관이 반이 넘게 깨져버리는 사고가 발생. 도쓰카 요지 사임.
2002	- 데이비스와 고시바, 중성미자를 이용한 천문학에 기여를 인정받아 노벨상 수상.
2003	- SNO, 태양 중성미자에 대한 결과 발표. 진동하는 모든 중성미자를 모두 세면 태양 중성미자의 이론값과 실험값이 일치함을 증명함.
2006	- 우리나라 최초의 중성미자 실험인 리노(RENO)가 영광원자력발전소에서 시작됨.
2008	- 도쓰카 요지가 사망하여, 가지타 다카아키가 카미오칸데와 도쿄대 우주선연구소를 이끌게 됨.
2010	- 고에너지 중성미자 검출을 위한 아이스큐브(IceCube)가 남극에 건설됨. - CERN의 LHC가 재가동.
2012	- CERN에서 힉스입자가 발견됨. 이로써 표준모형을 이루는 페르미온과 보손 입자 모두가 발견되었다. - 한국의 리노, 중국의 다야베이가 각각 1번과 3번 중성미자의 섞임각을 측정하여 발표.
2015	- 가지타 다카아키와 아서 맥도널드, 중성미자 진동의 발견으로 중성미자에 질량이 있음을 확인한 업적으로 노벨상 수상. - 미국, 페르미연구소의 LBNF 실험 계획을 수정하여 국제공동연구인 듄(DUNE) 실험을 시작함.
2017	- 라이고(LIGO) 실험, 중력파 발견으로 노벨상 수상. - 중성미자와 중력파를 이용한 다중신호 천문학이 새로운 학문 분야로 인식되기 시작.
2019	- 일본 정부, 하이퍼-카미오칸데 건설 승인.
2020	- 한국의 과학자들, 한국중성미자관측소(KNO) 건설 추진.

찾아보기